U0031886

讓人才自己來找你

雇主品牌的策略思維與經營實戰手冊

104人力銀行

陳佳慶／鍾文雄／李魁林 著

Our people. Our business. Our society. Our world.

學者與專業人士熱誠推薦

（依姓名筆劃排列）

　　本書集結了國內許多不同的案例，簡明扼要闡述了雇主品牌的涵義與經營方式，很適合每個想帶領企業走出後疫情時代新局的領導者來細細品味。

何則文　人資專家、暢銷作家

　　企業規模不論大小，如何讓合適的人才能主動上門、認同公司並進而一起奮鬥，將是企業永續發展的關鍵能力。想像當人才在找尋工作時，雇主對人才而言就是一個商品，此時，若雇主的品牌形象很好，肯定可以為企業吸引及留住更多人才。相信讀者透過本書列舉的許多雇主品牌建立與運用等實戰經驗，可以獲得許多的啟發。

林淑菁　聯生藥執行長兼總經理

　　人才是企業重要的競爭優勢，如何招募並留住人才，是人力資源管理首要的任務。新世代工作者強調工作意義，企業若能運用新興數位工具，建立良好的雇主品牌，將能有效增進企業的人力資本，達到永續經營的目標。《讓人才自己來找你》這本書為企業招募及留任優秀人才提供新的視角與觀點，深入

淺出介紹雇主品牌策略，並介紹企業實務，例如，導入 AI 系統、人工智能招募系統、透過數據資料建立員工離模型等範例。當面對數位轉型挑戰之際，本書將會是企業塑造數位年代雇主品牌的重要參考資料。

胡昌亞　國立政治大學企業管理學系主任／MBA 學程主任

企業的策略沒有絕對的好壞，重要的是能對本身的優勢有清楚的意識，並且進行多面向的溝通。本書對於雇主品牌的建立提供了具體務實的指南與方法，能協助管理者思考並掌握本身的優勢，吸引優質的人才，提升策略的效益。

張媁雯　國立臺灣師範大學國際人力資源發展研究所教授

人才爭奪戰是一場漫長的戰爭，未來只會更加嚴峻，積極投入雇主品牌，更能在人才戰爭中獲得勝出。本書集結諸多在建構此體系上的必要理論、架構及觀點，並結合重點企業的具體案例，相信對讀者在推行或檢視自身業務活動，成為相當重要的參考依據。

陳啟禎　台達全球人資長

雇主品牌絕對不是大企業的專利，在未來人才越來越難招募的大環境情況下，中小企業也必須要經營雇主品牌。期望未來 104 人力銀行在雇主品牌這個領域，可以提供更多見解與分

析，幫助每個企業做到「讓人才自己來找你」。

楊基寬　104人力銀行董事長

傳統流水線 SOP 工作方式已無法符合數位洪流帶來的巨變，能替公司解決問題的員工成為最強大資產。HR 站在人才搶奪大戰的第一線，需打造雇主品牌來奪得先機，本書點出思考誤區，並佐以各種實例與方法，讓你翻轉招募劣勢。

Phini Yang（楊雅朱）　創業家兄弟人資長

建立雇主品牌（employee branding）是要打造企業成為人才心目中的好公司，目的是吸引及留任更多優秀人才，但是實務上，好公司的定義並不明確，所以建立雇主品牌的作法也有很多差異。本書提到「由外而內」與「由內而外」的雇主品牌思維非常有效而實用，也提供了很多知名企業的案例，是一本面面俱到的好書。

溫金豐　國立陽明交通大學管理學院副院長

人力資本是現代企業經營最關鍵的資源，但如何讓人力資本擁有者被企業吸引，對企業了解而願意進入組織，在企業中因認同而更加投入，也成為現代企業經營的重要挑戰。由內而外地建立良好的雇主品牌，就是企業面對這些新時代人力資本

議題的重要思惟與必要工具。

劉念琪　國立臺灣大學工商管理學系暨商學研究所教授

　　本書提出了具體實作與效益評估的方法，可以協助企業深入地掌握雇主品牌的基本概念與相關執行技巧，是市面上難得的一本實戰教科書。相信透過這本書的引導，能夠讓台灣企業邁開經營雇主品牌的第一步。

鄭晉昌　國立中央大學人力資源管理研究所教授

　　經營人資社群多年，關於人資的工作樣態演進所促成的人資工作職能，我近年結構為「人資專業力、人資商業力、人資數據力、人資設計力以及人資行銷力」這五個範疇。而在人資行銷力這個主題的核心就是「雇主品牌」。我第一次注意到雇主品牌是在 8 年前，當時這個議題幾乎還不在人資圈討論的內容中，但時至今日「雇主品牌」已經成為人資圈最夯的議題。許多公司與人資夥伴都在不斷摸索「雇主品牌」的內涵以及操作的型態，因為人資夥伴越來越深知：雇主品牌未來將是企業人資管理的主戰場。所以這次看到深知人資夥伴需求的三位老師，連袂撰寫的這本關於雇主品牌的新書，拜讀之下，很受啟發，特別推薦給大家。

盧世安　「人資小週末」專業社群創辦人

我最近這 10 年都在協助我自己的公司進行雇主品牌的推廣，原因是大部分的招募職缺都必須用自己主動開發式的招募方式，而不能被動地等待人員投遞履歷。所以如果未注意雇主品牌的操作，公司在招募上的成效是會大打折扣的。而本書就是 104 人力銀行在雇主品牌主題上請三位專家所做的分享。我看過後推薦給招募工作的夥伴們，希望各位也能得到和我一樣豐富的收穫。

賴俊銘 「苦命的人力資源主管」部落格主

104 在這時候發行雇主品牌經營的策略與實戰這本書，不僅分享其自身的經驗，也以其過往的資料數據驗證企業經營雇主品牌的必要性，更務實地分享人力資源工作者如何做好雇主品牌，是一本值得閱讀並珍藏參考的手邊書。

薛光揚 社團法人中華人力資源管理協會理事長

面對全球人才戰爭的時代，HR 是站在最前線搶奪跨界人才的前鋒，如何將雇主品牌由內而外有步驟地展開，讓員工成為雇主品牌大使，須擁有跨界思維──「人資也是行銷人」，要像致伸科技 2021 年獲得 HR Asia 亞洲最佳企業雇主獎的榮譽，參考此書分享必定大有收穫。

薛雅齡 致伸科技人資長、《用人資味》作者

　　人才競爭變得更激烈，企業招募與留住員工方式也必須改變，本書透過實際方法論、數據報告、關鍵指標設計與國內外案例，協助你了解如何經營雇主品牌提升企業競爭力，不論你是負責招募的HR或用人單位主管，相信本書對你相當有幫助。

　　　　　　　　　　蘇書平　先行智庫／為你而讀執行長

〈專文推薦〉

利他之心就是雇主品牌

楊基寬

　　和大家分享一個日本「經營之聖」稻盛和夫的故事。稻盛和夫經營兩家很成功的企業京瓷與 KDDI，為了追求佛教中「自利利他」的精神，選擇出家修行。出家後的稻盛和夫，有一次挨家挨戶化緣，拿著缽、穿著草鞋，腳都磨破了，一位正在打掃衛生的清潔工，給了稻盛和夫一枚一百日元的硬幣，她說：「你一定很累了，這一百元，你去買點吃的吧！」稻盛和夫收到這枚硬幣感動不已，激動地流淚了，因為清潔工看起來很貧窮，賺的錢只能夠自己溫飽，但她仍然願意將錢給一個陌生人。稻盛和夫突然頓悟，原來善良是無關高低貴賤的，愛與關懷可以讓人感動與幸福，利他之心是一切成功的秘訣。因為利他之心，讓他重整了日航，14 個月從負債破產到獲利 2,049 億。

　　這種利他之心展現在員工上，就是雇主品牌，稻盛和夫說：「公司的目的不只是為了獲利，更重要的是為員工謀福利。」不管是企業主或是人資，除了獲利之外，如果能為員工謀福利，把員工放在第一位，就是經營雇主品牌最重要的心法。在 104 人力銀行，我們開設員工餐廳讓大家吃得更健康，裝潢

榮獲多項室內設計大獎,設立托嬰中心讓家長們可以兼顧上班與小孩照顧,家長可以隨時透過手機查看小孩情況,托育更方便安心,每年定期做員工滿意度調查,並向全體員工報告改善的進度等,這些都是利他之心的實際行動。唯有凡事替員工著想,員工才會替企業著想。

利他之心我們也會用在客戶上,經營人力銀行多年,一直孜孜念念的是怎麼帶給求職者與企業人資更多的價值。對於企業客戶,我們所啟動的「Be A Giver 企業健診」活動,免費幫企業進行雇主品牌、員工適合度及員工滿意度的顧問健診。對於求職者客戶,我們提供履歷診療室免費幫畢業生健診履歷、提供職涯診所幫上班族解答職場上所面臨的困惑、提供藉由上班族的就業力量來影響企業向善的公司評論服務等等……,也是書中提到 CSR, SDGs, ESG 上的具體展現。

很高興本書作者陳佳慶資深特助、鍾文雄人資長、李魁林數據長,把雇主品牌的說明、原因、實務作法,都收納到《讓人才自己來找你》這本書中,對於想經營雇主品牌的企業主與人資,相信都能獲得啟發。雇主品牌絕對不是大企業的專利,中小企業更需要人才,才能在激烈競爭的環境下生存,在未來人才越來越難招募的大環境情況下,中小企業也必須要經營雇主品牌。期望未來 104 人力銀行在雇主品牌這個領域,可以提供更多見解與分析,幫助每個企業做到「讓人才自己來找你」。

（本文作者為 104 人力銀行董事長）

〈專文推薦〉

強化雇主品牌，創造企業攬才優勢

鄭晉昌

　　隨著互聯網發展，資訊的傳遞越來越便捷，人與人的溝通也益形快速，企業在招募人才的過程中，相較於另一方應徵者，獨占優勢的局面已漸被打破。為了競相獲取人才，企業不得不在招募時透過雇主品牌的經營，主動地行銷自己。基本上，雇主品牌包含外部品牌和內部品牌兩個部分。外部品牌就是針對未來企業的潛在應徵者，在其心中樹立品牌，使這些未來潛在錄取的應徵者願意來企業工作，並使現有員工有意願留任；內部品牌則是在現有的員工心中樹立品牌，指的是公司對雇用的員工做出某種承諾，它不僅僅是公司和員工間所建立的關係，還體現公司為現有員工和潛在員工所提供獨特的職場體驗。

　　展望未來，台灣企業在人才招募市場上將會遭遇到前所未有的挑戰，包括少子化使得可用人才益形稀缺、產學落差導致學校培養的人才之技術能力難為企業所用、海外台商大舉回流加入搶人戰局、新興工作世代工作價值觀的轉變等，讓企業募才更形困難。鑑於此，企業雇主品牌的經營，將成為企業吸引

及招募人才的重要手段。實際上，許多企業早就著手在內部建立雇主品牌，但是如何在新的招募態勢下有效建立雇主品牌，尤其是在企業招募過程中如何能傳遞一致、清晰的雇主資訊，吸引更多優質的應徵者加入企業，這是大多數企業面臨到的問題。

雖然雇主品牌是企業和人才的雙向連接，但絕對不是靠企業端單方面的吸引力，就能連接到對的人。傳統的雇主品牌所運用的概念源自於行銷理論之漏斗模型，也就是消費者選擇產品是藉由所接受的外界資訊，透過吸引（appealing）、意識（awareness）、考慮（consideration）、偏好（preference）與轉化（conversion）的過程產生購買行為。理論上是正確的，但在實務操作上會產生以下幾個問題：

一、移動互聯網時代資訊爆炸，More information ≠ More Informed，絕大多數品牌傳播停留在意識層次就很難繼續往下走。例如詢問一個應徵者，兩家台灣知名公司：台達電和台積電，兩者雇主品牌有什麼區別，我相信大多數人是不知道的。

二、這樣一個雇主品牌模型經營的策略完全是從行銷和品牌的角度出發，忽略了人力資源專業最為關注的核心議題，即幫助公司吸引到正確的人。以往，絕大多數設計建置雇主品牌的人，都是行銷背景，缺乏對企業 HR 深入的洞察。應徵人才在這個漏斗過程中一步步往下走，關鍵議題是如何在不斷吸引的過程中（優秀的人才總是選擇很多），完成篩選（被公司篩

選，或者自我篩選）。

三、移動互聯網時代瞬息萬變，應徵者已經等不及從第一步到第二、第三步，往往看到一個心儀的企業或職缺，很快就提出申請、錄取、應允入職了，無法全然套用這個簡易的漏斗概念。

未來的雇主品牌的建置與經營應針對如何幫企業吸引到對的人，能為公司做出貢獻，展現工作績效為目標。對的人，是企業用人的核心關鍵。此時可將雇主品牌的運作思考成一個持續性招募的動態過程，而不囿於傳統「有缺才招」的概念。吾人可將人才招募策略從下圖左下角傳統的狩獵模式，往右上養魚模式的方向上移動。

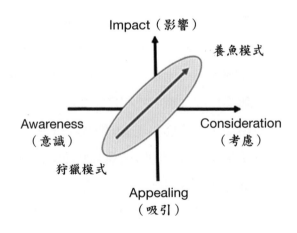

雇主品牌經營策略

　　傳統雇主品牌傳播的方式以吸引式為主，攫取應徵者的注意力，這樣並不能有效提升招募的成效。新的雇主品牌應以 1. 挑戰應徵者的思考、2. 運用差異化的定位打動潛在應徵者、3. 情感共鳴三個有效的溝通方式來提升人才招募成效。另外，傳統雇主品牌和招募是以事件來引爆，和狩獵一樣，打一槍換一個地方：今天做一個招募專案，明天另搞一個招募活動，投入巨大資源，企圖獲取成效。新的雇主品牌策略應以養魚為核心，試圖建立一個線上的外部人才池塘或者是人才庫（talent pool），採用上述三個有效提升招募品質的溝通方式來設計一系列的場景，場景基於職缺所需的能力和企業文化價值觀來建構，無論是未來工作的角色扮演，還是與公司高階主管的互動以體驗企業文化。所有場景的設計，都能吸引潛在應徵者考慮選擇進入此人才庫，協助公司取得應徵者的履歷、認知能力、工作動力、個人特質等資料。透過這些資料，進一步分析預測應徵者是否符合企業所需的人才樣貌。

　　上述提及的四個面向（履歷、認知能力、工作動力、個人特質）人才樣貌資料的蒐集，是促使深化對應徵者全面的了解，能預測應徵者未來工作上的績效表現，而不是傳統的簡歷模式。養魚模式就是將社群網路或者粉絲團經營模式應用在人力資源領域，這是未來雇主品牌經營的關鍵作法。這樣一個外部人才池塘或者人才庫的經營模式，主要關鍵在於場景設計，需要兩類人才共同協作來完成，一類是懂得雇主品牌和場景設

計的創意人才，一類是懂得人才標準和評測的人力資源專家。所以雇主品牌的未來，是品牌體驗和心理測評的結合，讓傳統人才測評，變得更為有趣、更為互動的一個變革創新的作法。

　　很高興地能接受國內在人才招募產業最具影響力的 104 人力資源資訊服務集團之邀約，為其出版的《讓人才自己來找你：雇主品牌的策略思維與經營實戰手冊》一書寫序，這本書已將我上面所論及的一些重要觀點，提出了具體實作與效益評估的方法，可以協助企業深入地掌握雇主品牌的基本概念與相關執行技巧，是市面上難得的一本實戰教科書。相信透過這本書的引導，能夠讓台灣企業邁開經營雇主品牌的第一步。

　　　　　（本文作者為國立中央大學人力資源管理研究所教授）

〈專文推薦〉

人力資源工作者如何做好雇主品牌？

薛光揚

104 推出介紹「雇主品牌」的新書，不僅是指引上班族在找工作選擇雇主時，有能力篩選一家好公司好雇主，也是指導人力資源工作者及企業主如何將公司打造成上班族都期待嚮往工作環境的一本工具書。

檢視 104 的公司願景，訂為「如果幫每個上班族找到方向是公司的願景，那麼我們必須給自己兩個新的責任：

1. 讓孝順的他們無須分心漸老的雙親；
2. 讓勤奮的他們無須憂心漸大的子女！」

故而可以得知 104 這樣一家協助求職者媒合工作公司的願景，不僅是在媒合工作，更希望每位雇主都能提供上班族一個理想的工作環境，而 104 本身也期許並戮力建立優質的雇主品牌。

記得許多年前，筆者仍在企業服務時，與筆者熟識的好友在 104 擔任主管職，得知筆者公司有提供員工午餐的餐廳，而且餐廳的設計安排及管理十分優質，表達有興趣了解相關作業操作方式，筆者乃邀請好友前來午餐，當時好友央求能邀約其

同事同行。午餐當日，104的幾位主管對員工餐廳的經營管理，提出許多深入且細緻的問題，表示回公司評估也要提供員工餐廳的福利方案。沒有多久我就知悉104做了自己的員工餐廳，友人為回饋我，邀我前往享用104的午餐。事實上，104參考了一些公司對提供員工午餐的作法後，更精緻地完成由自己員工經營管理的104員工餐廳。這之後104更在辦公大樓內成立了自己的托嬰中心，實施員工持股信託等措施，讓員工能安心在公司工作。這些都是不斷將雇主品牌深化的作為。

近日企業文化與薪資網站發布了針對美國大型企業的「2021幸福企業排行」（Happiest Employees 2021），針對哪間企業擁有「最快樂員工」進行調查，列出的問題如：工作環境及氣氛、薪酬的公平、福利的滿意、工作的勞累狀況、公司的目標是否明確？每天是否樂於上班？與同事的互動、成為公司員工會感到自豪嗎？會向朋友推薦你的公司嗎？……，這些項目都與本書介紹觀察企業在雇主品牌上的作為相一致，能讓員工快樂工作的企業，就是有最好的雇主品牌。

筆者過去服務的公司對員工的關注一直不遺餘力，每年都會透過相關問卷了解員工關心的事，同時，責成主管就其帶領之員工，就問卷結果給予回饋並設定改善方案，且列入主管的年度工作目標，並每年追蹤、比較分數落後項目的改善狀況。筆者也曾協助學者對員工價值主張有深度研究，體認到「有意識」地經營公司在人才市場上的定位是建立雇主品牌一項重要

的工作。而如何透過員工滿意度、敬業度的調查來了解員工的價值主張，本書即有最佳的方案。104 提供企業「雇主品牌資訊及人才市場洞察報告」，透過「吸引力」及「留任力」兩個維度的搭配，數據化客觀地反應企業實際吸引人才及留住人才的能力，持續追蹤觀察公司經營雇主品牌的成效，從而了解企業雇主品牌作為，是否將重視員工成為公司文化的一環。

新冠疫情之後，員工不想再回辦公室工作，歐美許多公司都掀起離職潮，如果遠距也能完成工作，而且又不會降低生產力，那幹嘛回辦公室？通勤時間與成本、工作與生活的平衡等因素是構成離職的部分原因。員工想繼續維持遠距，在疫情期間，有許多人選擇搬離原來靠近公司的住處，前往遠離市中心的郊區生活，房價上的落差也減少了貸款的支付。此外，疫情改變人們對生活的優先順序。遠距工作下，父母親都能分擔家務和育兒的責任，員工不想回到辦公室工作，挑戰了雇主管理的新思維。現在越來越多知名企業宣布員工可以永遠不回到辦公室上班，這些企業發現要留任優秀員工，不一定需要他們每天在辦公室，何況，公司在辦公室空間、租金等的設施方面還可以節省成本，此外對公司形象與品牌還有加分作用，何樂不為？在台灣遠距工作對員工的意義也許不是這麼優先，但是這件事，可以給雇主及人力資源的工作者一個反思，在人力資源的工作上，永遠要跟上員工的需求及期待，企業的品牌才能持續發光發亮，員工才會投入並持續貢獻。

　　104 在這時候發行雇主品牌經營的策略與實戰這本書，不僅分享其自身的經驗，也以其過往的資料數據驗證企業經營雇主品牌的必要性，更務實地分享人力資源工作者如何做好雇主品牌，是一本值得閱讀並珍藏參考的手邊書。

　　（本文作者為社團法人中華人力資源管理協會理事長）

〈專文推薦〉

在員工和求職者的心目中，你是什麼樣的公司？

陳啟禎

　　「雇主品牌」這個名詞開始逐漸為大家所耳聞，似乎也只是不久之前的事，在人才爭奪戰加劇、社群媒體興起，體驗行銷當道的時代，雇主品牌已經不是該做或不該做的問題，而是不得不做。看看這些國內外研究的結果：

- 一個強而有力的雇主品牌可以降低 43％ 的招募成本。（LinkedIn）
- 最佳企業雇主的利潤成長率比其他一般企業高出一倍。（怡安翰威特）
- 50％的求職者不願為聲譽不佳的雇主工作，即使提供更高的薪水。（Universum）
- 最佳企業雇主的員工流動率只有業界平均值的二分之一到四分之一。（財星雜誌）
- 86％的求職者會上網研究公司的評論和排名以了解其雇主品牌。（Glassdoor）

- 如果看到不好的雇主品牌評論，55％的求職者會放棄投遞履歷。（Randstad）
- 由員工發布的品牌相關訊息被轉發次數，比透過品牌社群管道發布多 24 倍。（TINT）
- 由員工分享的內容，比透過品牌社群管道發布的互動率多 8 倍。（Social Media Today）

傳情達意、起念動心

雇主品牌經營的精妙之處，並不是單方面廣宣你是什麼樣的公司，而是員工和求職者認為你是什麼樣的公司。如何讓員工和求職者能從聽聞、理解，到產生認同，這樣的過程其實就是「傳情達意」，把他們的需求作為核心、體驗作為關鍵，讓員工感到「揪甘心」主動口碑行銷，讓求職者能夠「起念」進而「動心」，將心動轉化為加入企業的具體行動。

台達在過去多以校園招募、產學合作、實體廣告等傳統方式積極耕耘，雖有好的基礎，但在雇主品牌的提升與擴散上也有瓶頸。近年來，隨著互聯網興起及新世代對於接收訊息方式的轉變，我們在作法上也有相應的改變：

- 雇主品牌的推展方式由實體變成虛實整合；
- 雇主品牌的執行單位由人力資源部門變成跨部門結合；

‧雇主品牌的建立由在地化變成全球協力；

‧雇主品牌的推升由單獨作戰變成與渠道、求職平台等進行策略聯盟；

‧雇主品牌的內容由公司提供變成由員工自主提供。

　　針對公司所需人才特定族群（TA, target audience），台達除了持續關注外部針對大學生或年輕世代所做的一般性求職調查分析，我們用 outside-in 的方式，進行就業決策與雇主品牌調查，並經由敏感度分析找出諸多關鍵因子，如工作內容、學習發展、公司前景、薪資福利等，並個別強化。

　　另外，經由 inside-out 的方式，我們持續將公司使命、品牌主張與雇主品牌做策略性連結，希望讓人才進入公司後能夠感受一致，人才永續與 ESG（環境、社會與公司治理）緊密結合，也為公司營收與品牌加值。為此，我們於 2020 年推出「Green Future. Endless Possibilities. 加入台達，開啟無限新我」，再於 2021 年與公司的品牌管理處合作推出「Keep Exploring 在台達　永續發展你的未來」整體雇主品牌識別體系，此外，針對研發目標人才也設計「R&D Yourself 在台達研發你自己」分群式雇主品牌策略。

　　雇主品牌的經營不是一次事件，需透過持續的輿情觀察，如社群媒體粉絲數與觸及率、最佳雇主評比……等外部指標，來確保目標族群的接受度與市場競爭性；再加上員工敬業度調

查、離職率與發聘婉拒率……等內部指標，確保內外體驗一致，並持續提升與進步。

人才爭奪戰是一場漫長的戰爭，未來只會更加嚴峻，除了持續優化工作內容、工作環境、工資福利等必要元素外，積極投入雇主品牌，更能在人才戰爭中獲得勝出。在此關鍵時刻，104人力資源資訊服務集團能夠即時出版《讓人才自己來找你：雇主品牌的策略思維與經營實戰手冊》一書，集結諸多在建構此體系上的必要理論、架構及觀點，並結合重點企業的具體案例，相信對讀者在推行或檢視自身業務活動，成為相當重要的參考依據。

（本文作者為台達全球人資長）

〈專文推薦〉

你也想問「為什麼人才這麼難找」嗎？

何則文

　　我們面臨的是一個變動的世代，疫情肆虐，國際政局緊張，復甦帶來的缺工缺料導致潛在的經濟風險。企業在這樣的時代如何活下去成為最大的課題。

　　同時，隨著新一代的青年崛起，越來越多的年輕人不甘於傳統的雇傭方式。在歐美出現了疫情後的大離職潮，年輕人抱持著 You Only Live Once 的 YOLO 精神，對於工作越來越挑剔，寧願過自己要的生活也不想要被傳統價值束縛；無獨有偶，在東亞則是躺平盛行，受夠高壓 996 生活的中國青年開始了躺平宣言，寧願在家躺著不就業也不要成為所謂資本家的奴隸。

　　面對這樣聞所未聞的未來局勢，企業又應當如何自處？當傳統雇傭方式被打破，當就業市場因為黑天鵝而擾動，當年輕人寧可活出自我也不願意進入體系，我們可以怎樣找到一流人才？維護企業永續發展？這時候我們就要重新回到企業的品牌價值去思考。品牌是什麼？品牌就是說好故事，讓你的 TA（目標受眾）願意 Buy in 你的價值主張，進而跟你產生價值交換。

對於一個企業來說，品牌有三者，其一就是產品的品牌，比如對於聯合利華來說他的產品品牌可能是多芬、凡士林，甚至立頓，這是對於消費者跟客戶的概念，產品品牌影響客戶是否購買產品的直接慾望。然而除了產品品牌，還有企業本身的公司品牌，比如聯合利華本身對於公眾甚至政府部門的形象，就是公司品牌。

而除了這兩個常見的品牌外，還有一個在這個變動時代最重要的「雇主品牌」，也就是一家公司作為「雇主」對於公司員工以及潛在的求職者來說的形象。這是人才爭奪戰中的核心關鍵，一家公司能不能贏得候選人的心，雇主品牌可以說是重中之重。

然而，目前在國內，雇主品牌的思維還沒有在業界普遍有比較深刻的認知。但這卻是維繫企業生存命脈的重要關鍵。假設不能找到一流的人才，不能把人才作為公司的資產，而分成本看待，那未來勢必會在各種高風險的黑天鵝下，無法掌握住趨勢。

過去我在鴻海富智康國際，擔任的就是人資整合行銷部門（HR IMC）的主管，這就是一個專門針對雇主品牌營運的部門。我們在中國大陸地區，透過工作坊、訪談以及問卷，聚焦出屬於我們公司 10 萬夥伴的員工價值主張 EVP，同時開始確定企業核心文化價值以及願景。植入到人才培訓甚至績效考核中，這過程中有很大的正向影響。

　　同時，我們組成了一個會寫文案、有平面設計跟影視專長的團隊，人資出發大玩抖音、微博、微信公眾號等等新媒體平台。甚至導入科技創新元素，設計了員工專屬的 APP，加入社群跟遊戲化元素，讓員工在工作中也能有其他的收穫。斬獲許多中國大陸地區的人力資源獎項，也藉此為雇主品牌增色不少。

　　過去傳統觀念認為，公司能否獲得好人才，很大的關鍵在於給予候選人的薪酬福利待遇，但這個時代，更多的人才看重的不只是實際的金錢價值，而是企業本身的價值觀與工作模式是否與自己符合。所以透過好的雇主品牌塑造跟宣傳，甚至有機會吸引到人才願意用實際待遇以外的角度看待機會，進而爭取到人才。

　　我過去接受許多中小企業主的諮詢時，大家在人力資源領域最常詢問的問題就是「為什麼人才這麼難找？」提供優於業界的待遇水準也找不到適合的人？其實核心的問題是，現在的青年工作不只是為了賺錢，更多的是想實踐自我價值，因此公司也要凝鍊出獲利以外的願景使命，用一個正向的員工價值主張來吸引人才，這就需要在雇主品牌上下功夫。

　　人力資源部門也必須要有革新性的新思維，過去傳統以招募培訓、薪酬與績效考核、人事行政為主的建構模式也要突破，要開始加入行銷的思維，人資也要懂自媒體，也要懂行銷。而這本由 104 人力銀行所編寫的《讓人才自己來找你：

雇主品牌的策略思維與經營實戰手冊》，集結了國內許多不同的案例，簡明扼要地闡述了雇主品牌的涵義與經營方式，很適合每個想帶領企業走出後疫情時代新局的領導者來細細品味。

（本文作者為人資專家、台灣青年職涯創新協會秘書長、
企業培訓講師、前湛積科技人力資源經理）

〈作者序〉

後疫情時代，雇主品牌經營已成為顯學

　　因為 COVID-19，帶來了前所未有的全球經濟停擺與浩劫，影響了很多產業、企業與員工。疫情後的員工，對於生命安全、穩定收入與工作價值格外重視，當大家對於轉職趨於保守的情況，企業更難找到合適的人才，人才還是會優先選擇雇主品牌佳的企業，所以，雇主品牌經營對於企業來說，比過去更為重要，就如同書名《讓人才自己來找你》所表達；另一方面，疫情加速了數位轉型，現今企業處於多變（Volatile）、不確定（Uncertain）、複雜（Complex）與混沌不明（Ambiguous）的 VUCA 時代，面對這些挑戰，人才的重要性不言而喻。

人才戰爭的號角已經響起

　　人才的競爭越來越激烈，人才的議題不只是企業的議題，現今已經提升到國安的層級，第二章有提到五個徵才大環境趨勢，我們正面臨：一、高齡化與少子化；二、年輕人才勇闖海外；三、中美貿易戰；四、外商來台搶才；五、半導體大舉徵才，這已經造成全台灣人才板塊的移動，直接影響企業的就是

主動應徵變少、平均招募時間變長、招募成本上升等，不少企業向我們反應，近幾年找人越來越難了。如果公司的成長速度快於人才的招募速度，就只能靠同仁加班來解決，造成工作生活無法平衡，員工滿意度下滑，短期財報上好看了，但長時間來說，人才流失反而會是負面的影響。面對這場人才的戰爭，經營雇主品牌是唯一勝出的方式。

雇主品牌是什麼？為什麼？怎麼做？

這本書圍繞著這三個主題，雇主品牌是什麼？為什麼？怎麼做？在第一、二章陳述雇主品牌是什麼與為什麼，之後描寫如何經營雇主品牌，第三章提到要先收集資訊，由外而內，第四章為由內而外，建立員工價值主張與傳播。第五章是介紹雇主品牌評比，開始經營雇主品牌之後，行有餘力的話可以參加雇主品牌獎項評選，當作人資的健檢，了解自己需要優化和精進的地方。最後是雇主品牌案例，精選幾家不同產業，成功經營雇主品牌的大企業與中小企業，讓讀者可以具體參考與標竿學習。

中小企業不需要雇主品牌？

根據經濟部中小企業處所發表的數據，中小企業家數占了

台灣全體企業的 97.65％,中小企業主更需要去思考的是,徵才趨勢嚴峻,如果好的人才都被大企業找去,這樣要去哪裡找合適的人才呢?中小企業的人才流失、斷層、老化的現象越來越嚴重,如果不做出改變,那會有更多中小企業因為找不到人而影響營運,所以中小企業更需要經營雇主品牌。在書中第三章的雇主品牌經營成熟度,運用較少的資源與人力,中小企業一樣是可以經營雇主品牌的。

Be A Giver 與感謝

常常在思考,工作的意義在哪裡?除了幫助客戶、公司營利之外,能不能影響更多人?這本書延續 104 人力銀行 Be A Giver 的精神,以幫助為實,希望幫助台灣更多企業重視雇主品牌,求職者能有更好的職場環境、待遇與工作機會。誠摯感謝工作上的長官與夥伴,鍾文雄資深副總、李魁林數據長、陳宜伶經理、江美儀、黃亭綺、張雅惠、洪德諭、張詩音、廖怡如、劉奕君等人,另外要感謝所有接受訪問的企業高階主管、人資與公關等,願意無私地分享自身的經驗與作法,最後感謝我摯愛的家人,沒有他們就沒有今天的我,這本書也獻給他們。

陳佳慶　104 人力銀行資深特助 2021.11

CONTENTS
｜目錄｜

第 1 章　什麼是雇主品牌？　　033

第 2 章　為什麼要經營雇主品牌？　　049

第3章　怎麼做雇主品牌之一：
**　　　　由外而內收集資訊**　　　　　　　　　　065

第4章　怎麼做雇主品牌之二：　　　　　　　123
**　　　　由內而外建立價值主張與傳播**

第 1 章

什麼是「雇主品牌」？

　　馬雲認為「客戶第一」，赫伯‧凱樂赫卻覺得「員工第一」，誰說得對？

　　員工第一或是客戶第一，就像是雞生蛋或蛋生雞，其實只是看的角度不同。

　　不過，時代在轉變，現在已經是知識經濟的時代了，再過幾年，會有更多的企業選擇「員工第一」的理念。

1-1 經營雇主品牌前，HR 要知道的三個趨勢

假如說阿里巴巴只有一個活下來的理由，就是我們堅持客戶第一，員工第二，股東第三，不管任何時候。因為客戶給我們錢，因為員工創造了價值，因為股東信任我們。

——馬雲（阿里巴巴創辦人）

你的員工是第一位的，如果你對他們好，他們也會對你的客戶好。

Your people come first, and if you treat them right, they'll treat the customers right.

——赫伯・凱樂赫（Herb Kelleher，美國西南航空公司創辦人）

趨勢一：由客戶第一轉變成員工第一

所有的商業活動都和人脫離不了關係，股東、員工、客戶、供應商……；其中最重要的兩種人，就是客戶和員工。有人說客戶很重要，因為客戶買了商品或服務，讓公司賺了錢、得以

生存，才有辦法養活員工，代表企業是阿里巴巴，馬雲說得很清楚，阿里巴巴的堅持是「客戶第一、員工第二、股東第三」；另一派說法是，公司生存的前提是提供好的服務給客戶，而沒有好員工就不會有好服務，代表企業是美國西南航空，「寧願得罪客戶，也不讓員工受委屈」的理念就是很好的說明。

員工第一或是客戶第一，就像是雞生蛋或蛋生雞，其實只是看的角度不同，兩者都是對的，所以兩種理念各有經營得很成功的企業。

不同的產業會有不同的觀點，比如製造業和服務業，另一個可能的原因是，過去隨著工業時代製造業興起，追求專業分工，每個員工可能都是大公司裡的螺絲釘，因為容易訓練、好管理也不難取代，所以想當然爾員工的重要性不及客戶。

不過，時代在轉變，現在已經是知識經濟的時代了，一個優秀的工程師對公司的貢獻，可能是一般工程師的一百倍，一個優秀的產品經理，可能創造出改變世界的產品，帶來的效益更可能超過一般的產品經理千倍萬倍；那麼，你還要堅持「客戶第一」嗎？如果你有一流客戶、二流員工，會不會因為二流員工提供的產品逐漸喪失競爭力，讓你也失去一流客戶？隨著時代的改變，越來越多的企業重視創新與服務，從製造經濟轉型成知識經濟、服務經濟，人才的重要性越來越高，再過幾年，會有更多的企業選擇「員工第一」的理念。

張忠謀也說過：員工是股東、員工、社會三者當中最重要

的利益關係人，公司對員工的承諾，就是要給員工優質待遇與平衡生活。所謂平衡生活，是工作與生活平衡。亞馬遜創辦人貝佐斯，近期在 2020 年最後一封給股東的公開信裡也提到，要打造「以員工為中心」的企業文化：

我們將成為地球的最佳雇主和地球上最安全的工作場所。

We are going to be Earth's Best Employer and Earth's Safest Place to Work.

美國市值第二大公司、向來是鐵血、紀律代名詞的亞馬遜，都可以喊出這樣的口號，正代表時代的改變，相信會影響更多公司與企業。

如果越來越多企業能認同「員工優先，顧客次之」的想法，也就是說，企業高管慢慢從心理認同這一點開始，那麼，原本很多圍繞著顧客的活動，就會轉變成圍繞著員工展開，比如從「顧客滿意度調查」轉變成「員工滿意度調查」或「面試滿意度調查」，從「顧客體驗地圖」轉變成「員工體驗地圖」、「面試體驗地圖」等，由顧客優先轉成員工優先。

趨勢二：跨界型人資人才＝業務＋行銷＋人資

如果你不做出改變，一直在原地踏步，那麼其他的公司將

會取代你。

──菲利普・科特勒（Philip Kotler，行銷學之父）

　　業務與行銷不僅適用於產品與服務，也適用於組織與人。所有的組織，不管是否進行交易，事實上都需要業務與行銷。過去的觀念是：業務的工作是賣產品給顧客，行銷的工作是推廣品牌或產品給顧客，人資則是幫公司找人才。如同前文所說，如果顧客改成員工或潛在人才，那人資也是業務，面試的時候必須推銷公司的理念與職位給求職者；人資同時也是行銷，校徵時必須成為傳教士，推廣公司的文化與機會給應屆畢業生或潛在人才。

　　所以，人資過去所學的選用育留，時至今日可能已經不夠用了，必須轉變成業務和行銷，成為新的複合型人才，才有辦法面對未來的挑戰。

　　如果每次面試你都是照本宣科，沒讓求職者感受到你對公司的認同與熱情，憑什麼求職者要對你的公司產生認同與發揮熱情？

　　如果每次校徵時，你就只是坐在攤位上和同事聊天講八卦，了不起發發傳單給來到攤位的學生，你覺得，你會替公司找到有潛力的人才嗎？

　　你可能心裡會有這樣的疑問：有事嗎？我平常工作量就夠大了，為什麼要多做這些？這樣是要逼死人嘛。答案是，因為

求職管道更多元了，人才競爭更激烈了，只要和你公司競爭相同人才的公司人資更有業務觀念，更會行銷，他就有機會比你早接觸到、面試和錄取這些潛在人才。

別人面試五個就錄取一個，你要面試十個才錄取一個，你還不趕快認同這第二個趨勢嗎？

趨勢三：新零售 vs 新人資 OMO（Online-Merge-Offline）

因為有了智慧手機，線上（online）與線下（offline）已經分不開了。

——蘇珊‧沃西基（Susan Wojcicki，YouTube 執行長）

現在，越來越多的人資不只在人力銀行找人才，也可能會在社群網站或論壇找人才；預算也從傳統的實體徵才活動，拓展到數位的徵才廣告或網站。

如此一來，過去數位行銷每天會接觸到的，也會開始讓人資頭痛：怎麼做數位行銷廣告？怎麼設定對的受眾？什麼廣告文案可以吸引潛在人才？徵才網站的 JD 撰寫？徵才網頁設計？選擇在哪一個通路推廣？關鍵字廣告或是聯播網廣告？可以做搜尋引擎優化（SEO）嗎？是不是可以做動態再行銷廣告？每一個通路的廣告投資報酬率（ROAS）應該是多少？是用 CPM、CPC 還是 CPA？

現今的徵才通路有哪些？這裡列出來一些常見的給大家參考：

- **人力銀行**：104、1111、518、yes123 等。
- **社群網站**：Facebook、Instagram、LinkedIn、LINE、微信等。
- **網路廣告**：關鍵字廣告、社群廣告、聯播網廣告、影音廣告等。
- **影音網站**：YouTube、TikTok 等。
- **獵才公司**：104（沒錯，104 也有獵才）、Adecco、Michael Page、Manpower 等。
- **派遣公司**：萬豐、享青等。
- **網路論壇**：Dcard、PTT、某些專業論壇等。
- **校徵**：各個大學都有自己的校徵，一些企業每年都有五到十場校徵。
- **實體招募會**：有些企業一年會自己辦一兩場大型的招募會，或是參加聯合舉辦的招募會（比如各縣市政府的勞工局舉辦的活動）。
- **內推**：很多公司也會用內部推薦，提供介紹獎金。
- **報紙**：如果你找的是藍灰領，這個通路也是合適的。
- **門市**：很多門市都會張貼徵才需求。

不同的通路有不同的受眾屬性，採用前要注意一下，因為不是所有的職位都適合所有的通路。

接下來要考慮的是：這些通路各花了多少費用？因此獲得多少應徵數、面試數、錄取數、到職數？各個轉換率是多少？哪一個轉換率最好？哪一個通路平均到職成本最低？可以再擴大、優化嗎？

如同新零售的概念一樣，OMO（Online-Merge-Offline，線上與線下融合），校徵或是實體招募會，手機可以掃 QR code，讓他上網看到更多資訊，或是在線上廣告行銷線下的招募會等等，有沒有一致的體驗、是否宣傳一致的雇主品牌與故事？未來也會有新人資的概念，線上徵才和線下徵才其實應該是整合在一起的，這是第三個趨勢。

1-2

雇主品牌的前世今生

如今，幾乎所有的企業都在加速創新並提升數位轉型，但沒有優秀的人才是做不到的，人才短缺仍是一個普遍且迫切的議題。

有時候 HR 好不容易找到一個不錯的人才，但這個人才拿到了好幾個 offer，最後決定去競業工作。明明自己公司的薪酬很有競爭力，為什麼他還是去競業呢？

答案有可能就是在「雇主品牌」上。那麼，「雇主品牌」到底是什麼？

雇主品牌的緣起與勃興

雇主品牌（Employer Brand）似乎是這幾年才在台灣開始萌發的一個新觀念，但在國外已經有二十幾年的歷史。

早在 1996 年，雇主品牌這一概念就由提姆・恩伯樂（Tim Ambler）與西蒙・巴羅（Simon Barrow）合著的〈雇主品牌〉（註1）一文首次提出，他們藉由行銷學理論，將行銷應用在徵

才與留才,定義雇主品牌為:「由雇用企業所認可的一種雇用關係,並提供功能性、經濟性與心理性的綜合利益。」(We define "Employer Brand" as "the package of functional, economic and psychological benefits provided by employment, and identified with the employing company".)

提姆‧恩伯樂和西蒙‧巴羅看到了不同的機會:利用品牌行銷吸引員工加入企業,可以進一步擴大企業的願景,而且有助於建立更高的員工敬業度。

接下來的幾年,其他學者紛紛提出類似的看法:

‧2001 年,丹尼爾‧卡布爾(Daniel Cable)和丹尼爾‧特本(Daniel Turban)認為,「雇主品牌」是當人們想要找工作時,對雇主組織所形成的印象(註2)。

‧2004 年,克里斯汀‧巴克豪斯(Kristin Backhaus)與蘇林德‧蒂科(Surinder Tikoo)研究指出,「雇主品牌」是影響企業形象、強化人才與組織價值契合的過程(註3)。同年,約翰‧蘇利文(John Sullivan)認為,「雇主品牌」是一個有目標且長期性的策略,用於管理員工、潛在員工和利害關係人對於某特定企業的意識與看法(註4)。

‧2005 年,布雷特‧明欽頓(Brett Minchington)認為,「雇主品牌」是在現有員工及外部市場的關鍵利益關係人心裡所存有的「最適合工作的企業組織」的形象(註5)。

‧2007 年,布萊恩‧海格(Brian Heger)主張,「雇主品牌」

會影響員工敬業度，進而影響企業生產力、利潤與員工離職
（註6）。

- 2011 年，格雷姆・馬丁（Graeme Martin）認為，「雇主品牌」
  提供了高質量的就業經驗及獨特的組織特徵，使員工重視、
  參與並感到自信和快樂（註7）。

- 2014 年，穆克什・畢斯華斯（Mukesh Biswas）與達摩達爾・
  蘇阿爾（Damodar Suar）指出，「雇主品牌」必須從雇用員
  工起就開始經營員工關係，藉以留住優秀人才（註8）。

- 2018 年，克莉絲汀・彼特（Christine Pitt）等四位學者認為，
  在社交媒體的正面聲量與「雇主品牌」好感度呈正相關（註
  9）。

　　經過了這麼多年，在許多學者的研究與提出相關的論點
後，雇主品牌的概念也日趨成熟。從這些學者的研究裡，我們
可以看到一些關鍵字：獨特、形象、印象、利害關係人、功能
與情緒利益、吸引力、留任……。綜合上面的學者論述，濃縮
成簡單的一句話就是：

雇主品牌幫助企業吸引人才與留任。

　　如果不能幫 HR 解決問題，那麼，「雇主品牌」就只是口
號和形式而已。當然，光是知道「雇主品牌幫助企業吸引人才
與留任」還不夠，或許你會問：到底雇主品牌是由哪些條件組

成的呢？

雇主品牌的組成（JOBS）

對於雇主品牌的組成，很多企業、學者也有不同的研究結果，有趣的是，在不同的國家、職類，不同的條件對於求職的吸引力也不一樣，但不外乎由下面的條件組成。筆者把這些條件分成 JOBS ── Jobs（工作）、Organization（組織）、Benefits（利益）、Society（社會）。

・Jobs（**工作**）：包括有趣、學習、挑戰性、自主性、工作生活平衡、彈性工時、工作保障、公司環境、公司地點等。

・Organization（**組織**）：同事、直屬主管、老闆、董事長或總經理、公司文化、公司聲譽、用人理念、升遷機會、現職或離職員工的評價、國際化、公司願景使命、公司創新等。

・Benefits（**利益**）：薪資、公司福利、公司營運績效、員工認股等。

・Society（**社會**）：企業社會責任（CSR）、永續發展目標（SDGs）、環境社會公司治理（ESG）等。

這四個條件裡，求職者最在乎的是什麼？

根據 104 人力銀行在 2019 年「請問您求職／找工作時最在意哪些要素？」的這個調查，結果是：

- 好的薪資水準或敘薪／調薪制度標準　69.2％
- 好的或特殊的員工福利（如：員工分紅、生日假、宿舍⋯⋯）
  44.7％
- 工作時間長短及穩定性（如：工時、加班／出差頻率、輪
  班⋯⋯）　42.4％
- 交通便利性（如：工作地點、周邊生活機能⋯⋯）　41.7％
- 好的職涯發展或學習成長機會（如：新人訓練、人才培
  訓⋯⋯）　41.0％
- 公司營運績效、獲利狀況、未來發展　39.9％
- 工作環境（如：環境整潔、辦公室舒適性、安全性⋯⋯）
  39.7％

　　全球第二大跨國人力資源諮詢公司任仕達（Randstad），
在 2019 年的雇主品牌報告裡有提到，亞太地區求職者最在意
的條件依序是：

　　1. 有吸引力的薪水與福利（Attractive Salary & Benefits）

　　2. 工作生活平衡（Work-Life Balance）

　　3. 工作安全性（Job Security）

　　4. 愉快的工作氣氛（Pleasant Work Atmosphere）

　　5. 職涯發展（Career Progression）

　　每家公司都有自己的優缺點，或許 HR 可以據此盤點與思
考一下，哪些條件下你的公司是有優勢的，哪些是待改善或加
強的，哪些是可以新增的。

因為不同的族群會有不同的排行，最好的方式是在面試流程裡加入問卷調查，累積後就知道該族群對於雇主品牌組成的偏好，才能思考優化的優先順序。

雇主品牌的三個好處

在和高階主管報告時，高階主管在意的是：時間更快、業績更高、成本更低、效率更好、競爭對手做了什麼、做這件事可以帶來什麼效益等等。提到雇主品牌的效益或好處時，可以對應的是：找人才更快，有了人才企業才可以執行策略或是讓業績成長，人才獲取成本更低等。當然有很多的研究支持雇主品牌的成果，總結來說，雇主品牌主要有三個好處：

一、減少招募成本與流失率

既然雇主品牌可以幫助吸引人才與留任，那對 HR 代表的是什麼？HR 可以用更低的成本來獲得人才，降低人才流失率。研究指出，雇主品牌優秀的企業，可以減少招募成本 50%、減少員工流失率 28%、提高雇主品牌能見度（註 10）。

二、收入與利潤成長

怡安翰威特（Aon Hewitt）在 2016 年的台灣最佳雇主調查中提到：員工離職率較其他企業低 17%、46% 的職缺由企業內

部填補、企業收入增長較其他企業高出 25％、利潤成長率較其他企業高出 58％。波士頓諮詢公司（BCG）的研究也指出，雇主品牌較好的公司，收入增長是雇主品牌較弱同行的 3.5 倍，利潤率是 2.0 倍（註 11）。可以想像的是，如果公司能吸引一流的人才，又能讓他們發揮所長，的確是會有很大的提高業績機率。

三、建立企業的核心競爭力

企業面臨的一個關鍵問題是，我們正進入有史以來人才短缺的關鍵時刻，由於許多國家的人口老齡化（台灣、日本、歐美等），離開勞動力市場的人數超過了進入勞動力市場的人數。有了好的人才，才能在產業技術居於領導地位；有了好的人才，才能持續創新，面對競爭激烈的市場；有了好的人才，才能讓公司像吸鐵一樣，吸引更多好的人才；有了好的人才，才有機會獲得更多的投資人或資金。這是一個正向循環，核心人才力應該是要和核心競爭力劃上等號的。

註 1：The Employer Brand, Journal of Brand. Management, 4. Tim Ambler; Simon Barrow, 1996

註 2：Establishing the dimensions, sources and value of job seekers' employer knowledge during recruitment. Daniel M. Cable; Daniel B. Turban, 2001

註 3：Conceptualizing and researching employer branding. Kristin Backhaus; Surinder Tikoo, 2004

註 4：Eight Elements of a Successful Employment Brand. John Sullivan, 2004

註 5：Your Employer Brand. Brett Minchington, 2005

註 6：Linking the Employment Value Proposition (EVP) to Employee Engagement and Business Outcomes. Brian K. Heger, 2007

註 7：Is there a bigger and better future for employer branding? Graeme Martin, 2011

註 8：Antecedents and Consequences of Employer Branding. Mukesh K. Biswas; Damodar Suar, 2014

註 9：Employee brand engagement on social media. Christine S. Pitt; Elsamari Botha; Joao Ferreira; Jan Kietzmann, 2018

註 10：Lou Adler/LinkedIn survey of 2250 corporate recruiters in the US, 2011

註 11：From Capability to Profitability: Realizing the Value of People Management. BCG, 2012

第 2 章

為什麼要經營雇主品牌？

「HR 上輩子在養鴿，這輩子被放鴿」。

為什麼你會被放鴿呢？你有上網搜尋你們公司的評價嗎？會不會因為網路的負面評價或是新聞，有一部分求職者自行取消面試，讓你事倍功半？

如果公司已有不好的新聞或評價，你又該怎麼改善雇主品牌？

2-1

進化成新物種或被滅絕？
──五個徵才大環境趨勢

最終能生存下來的物種，不是最強的，也不是最聰明的，而是最能適應改變的物種。

──查爾斯·達爾文

在回答為什麼要做雇主品牌之前，我們先來看大環境的趨勢。

因為個人、企業、社會都沒辦法改變大環境的趨勢，趨勢則會帶來新的秩序，取代舊的秩序，如果我們不能跟上新的秩序，那可能就會被時代或是競爭者淘汰，如同達爾文所說的「物競天擇，適者生存」。商業競爭本來就是殘酷的，你想進化成新的物種，還是被滅絕？以下，我們要和大家分享雇主品牌的五個徵才大環境趨勢。

徵才大環境趨勢一：高齡化與少子化

根據世界衛生組織（WHO）定義，65歲以上老年人口占

14％為高齡社會，達 20％為超高齡社會，台灣已在 2018 年轉為高齡社會，推估將於 2025 年邁入超高齡社會，幾年後，每五個人就有一個人超過 65 歲，人口結構改變，家庭、社會、市場、商品、服務都會跟著改變，當然 HR 也必須在招募人才時改變思維。

另一個趨勢則是少子化。台灣大專校院畢業生人數從 2020 年的 28 萬人，年減 1 萬人左右，到了 2030 年會減到 20 萬人。2021 年，在全球 227 個國家中，台灣的出生率排最後一名，報告預測平均每個婦女僅生下 1.07 個孩子，結婚率低、離婚率高、晚婚、晚生育、小孩養不起、工時長、理想對象難尋、不想改變生活模式等，導致生育率越來越低。出生人口越少，也代表未來的勞動人口越少。

當高齡化與少子化結合在一起，2020 年台灣死亡人數首度超過出生人數，根據統計，台灣勞動人口以每年平均減少 18 萬人的速度下滑，預計十年後台灣的勞動人口會減少約 200 萬人，可以想見的是人才會越來越少，競爭越來越激烈。所以不管是大企業、中小企業，勢必需要放寬招募的年齡與資格限制，更積極的爭取銀髮與二度就業的人才，以減輕高齡化、少子化對於招募人才的影響。

徵才大環境趨勢二：年輕人才勇闖海外

根據 104 人力銀行 2019 年的數據，近五成月薪低於 3 萬元，近八成低於 4 萬，外派東南亞薪資高出 1.6 倍，也讓很多年輕人對海外工作趨之若鶩。

過去海外工作大部分都在中國大陸，但是隨著台灣人才在大陸逐漸失去優勢，現在很多年輕人視東南亞為海外工作的新選擇，越南、新加坡、菲律賓、印尼等，從 104 的數據顯示，2019 年 1～4 月有求職行為的 57 萬名求職會員，其中 4.2 萬人想到海外工作，比例為 7.4%，五年變化裡中國大陸雖說還是排名第一，但已經減少 2.8 個百分點（76.8%→ 74%），東南亞增加 6.5 個百分點（18.5%→ 25%），排名升到第二，超越美加。

根據主計處的資料，2019 年國人赴海外工作人數計 73 萬 9 千人，2009 年至 2019 年，赴海外工作者增 7 萬 7 千人，平均年增率 1.1%，其中赴中國大陸減少 5 千人，赴東南亞則增加 3 萬 5 千人。

除了中國與東南亞，日本也是國人喜歡的工作地點，日本是全球人力最短缺的國家之一，早在 2007 年就進入超高齡社會，大學畢業生人數逐年下滑，勞動力缺口越來越大，日本政府因此持續引進外國人才。這幾年的新聞，也常報導日本工作相關的訊息：台灣人赴日工作人數五年增 3 倍（《財訊》2017

年），台灣人在日本工作六年增近 7 倍（《商業周刊》2019 年），
統計數字顯示，2012 年只有 1,367 台灣人在日本工作，2018
年則為 10,564 人，增加了 6.7 倍。

可以想見的是，未來隨著全球已開發國家高齡化與少子化
的趨勢，各國搶人才的情況會越來越嚴重；近幾年各國都開始
啟動人才簽證、技術移民、稅收減免、財務補貼、爭取外國留
學生、成立新創育成中心等辦法，向全球人才招手，現在與未
來的人才，海外工作會有更多更好的選擇。

徵才大環境趨勢三：中美貿易戰台商回流

2019 年的中美貿易戰大家可能還記憶猶新，中美貿易戰的
結果導致什麼？很多企業的大陸工廠關閉，遷移到台灣、東南
亞等地，台商回流、大陸工廠外移的結果，導致台灣的工作職
缺變多，台商東南亞工廠的工作機會增加。

從投資台灣事務所的數據可以知道，投資台灣三大方案至
今（2021 年 10 月）已帶動 1,034 家企業投資約 1 兆 3966 億元，
預估創造 11 萬 5,341 個本國就業機會。越多就業機會，對於政
府與求職者都是一件好事情，但是對於企業來說，等於是和更
多企業競爭一樣多（或越來越少）的人才。

徵才大環境趨勢四：外商來台搶才

延續中美貿易戰，中國與美國政治的變化帶給台灣很多新的機會；2019 年 10 月美國國務院發函鼓勵美國財星 500 大企業投資台灣，2020 年 3 月川普簽署《台灣友邦國際保護及加強倡議法》，相信可以持續增加美商在台灣的投資力道，GAFAM（Google、Apple、Facebook、Amazon、Microsoft）這五大科技巨頭，目前都在台灣招募人才，Google 在台灣已聘用約 5,000 個員工，五年成長十倍，去年增資 260 億元，在新北打造全新辦公園區，在台南興建資料中心，使得台灣成為 Google 亞太地區最大的研發基地；Amazon 設立聯合創新中心，Microsoft 設置 AI 研發中心，五年內至少要招募 200 位以上的 AI 研發工程師，Apple 興建龍潭新廠生產 Mini LED，Facebook 在台北市開設辦公室。此外，戴爾科技在台灣共有 1,600 多人，其中有超過 1,500 名都是研發工程師；風電德商 WPD、西門子（Siemens）與丹麥商沃旭能源（Orsted）等也合計投資超過 300 億元，帶來為數眾多的工作機會。

另一塊是日商。日本市場內需乏力，如果日商要成長，勢必要跨出海外，台灣市場常常是日商的第一站。2019 年日商來台投資件數有 434 件，總金額為 12.7 億美元，2018 年件數有 525 件，總金額為 15.2 億美元；這幾年進軍或加碼投資台灣的日商有：LINE、樂天、三井集團、伊藤忠集團、西武集團、

JR 東日本、千住電子、日立、壽司郎、一蘭拉麵等。外商看好台灣，帶來資金與工作機會，但也是外商台商人才戰爭的開始。

徵才大環境趨勢五：半導體大舉徵才

由於 AI、雲端、5G、物聯網等新興科技的崛起，全球半導體需求大增，帶動半導體產業這幾年的高速成長，2020年台灣半導體產值為 3.22 兆元，成長 20.9％，2021 年 TSIA（台灣半導體）預估，台灣 IC 產業產值將突破 4 兆元，成長24.7％。由於產業的蓬勃發展，人才的需求也隨之大增，根據104 人力銀行的《半導體人才白皮書》的數據，半導體徵才創六年半新高，平均每月徵才 2.77 萬人，年增幅高達 44.4％。

2021 年台積電要招募 8 千人，聯發科徵才 2 千人，日月光 2 千人，聯電 1 千人，華邦電 500 人，群聯 400 人等，光這些大廠需求就已經破萬人。另外，美商美光（Micron）加碼在台投資 660 億元，在中科興建晶圓廠，持續徵才，荷商艾司摩爾（ASML）擴大台灣研發能量，設立全球 EUV 訓練中心，2021 年預計招募 600 位工程人才，台灣應材（Applied Materials）近兩年也開出近千名職缺，僧多粥少的情況下，很多人才手上都有 5 ～ 6 個工作機會。除了這些大廠競爭非常激烈之外，首當其衝的，就是其他科技業者，招募工程師會非常辛苦，其次是中小企業在徵才更會趨於劣勢。

2-2

活在數位王國的原住民 Z 世代

新世代的年輕人就是希望與未來，也是未來的工作主力。

因工作機會去拜訪一些中小企業，老闆都反應公司有人才斷層的問題。為什麼會有人才斷層？因為新人待不住，留下來的都是舊人，舊人因為工作習慣、做事方式、資源利益、公司文化等因素，不願意改變也不想改變；但就像溫水煮青蛙一樣，剛開始幾年沒有感覺，但過了 10 年、20 年，老闆老了考慮接棒的問題，舊人開始考慮退休，大家覺得有些力不從心了，才開始想新人。如果公司從來不考慮怎麼吸引新人，給新人好的環境，新人可能也不會有意願來工作的。

聯合國統計，2020 年人口 Z 世代（1995 年以後出生）已超過三分之一，如果以工作人口來看，Z 世代 2020 年占約 20％，2030 年會占約 40％。你必須多了解 Z 世代，因為新世代的年輕人就是希望與未來，也是未來的工作主力。

你理解「數位原住民」嗎？

從維基百科可以看到，數位原住民（Digital Native）指的是從小就生長在有各式數位產品環境的世代；相對的概念為「數位移民」（Digital Immigrant），表示長大後才接觸數位產品、並有一定程度上無法流暢使用的族群。

從過去的歷史來看，十九世紀之前，人類的溝通是口語面對面，或是文字書信往來，後來發明傳真與電話，大家可以遠距口語溝通了，並用傳真機互傳文件或書信，但那時候，老一派的人還是習慣用面對面的方式對話和寄送郵件溝通。每個時代總是會有一群人拒絕改變，現在的阿米希人（Amish）也是，後來發明電腦與網路，開始有 Email、Windows、ICQ、MSN Messenger，近期就是大家所熟知的，iPhone 的誕生，手機將電話、網路、電腦、照相攝影機結合在一起，成為全人類劃時代最成功的產品。

既然數位原住民從小就接觸數位產品與網路，所以溝通管道透過這些方式也是很自然的事；透過手機，他可以即時收到各種資訊、上網查找資料、在不同的社群裡認識志同道合的朋友、打線上手遊等。因為數位原住民都是透過手機溝通的，所以打字比說的話多很常見，就是不同的訊息傳遞方式。

一代不如一代？

每個世代都有那個世代認同的價值，這個價值觀很難改變；要吸引新鮮人，企業就應該順應調整。從過去的經驗可以知道，舊世代的人大部分不了解新世代的人，會給新世代的人貼上標籤，覺得「一代不如一代」，但事實總是證明「一代強過一代」，國外也是類似的情況：從嬰兒潮、X世代、Y世代到Z世代，莫不如此。

為什麼老一代會覺得一代不如一代？因為舊世代的人會用自己的價值觀去評判新世代的人。但價值觀是會改變的，過去服從、忍讓、抗壓都是良好的工作價值觀，但是現在年輕人不吃這一套了，彈性、創新、平等、多元才是Z世代的工作價值觀，既然價值觀改了，代表員工重視的事情不一樣了，企業當然需要隨之調整。

當然了，企業也可以選擇依然故我不改變，但大家也會發現，現在很多HR主管都在抱怨留不住年輕人。原因很簡單，因為HR與用人主管不了解年輕人的話，怎麼留得住他呢？就像是業務不了解客戶的需求，還能有好的服務或業績嗎？

尊重多元，給年輕人舞台

從《紐約時報》、《Inc.》或是國內的《遠見》雜誌 2019

年青壯世代調查、《Cheers》雜誌的調查，可以知道 Z 世代擁有多元及差異性，喜歡影音圖像溝通，希望能實現興趣與夢想，即時的工作反饋……；Z 世代不認同的價值觀則有：主動負責超過範圍的工作、工作優先於生活、主管沒下班自己就不能下班等。可以說，Z 世代同時兼顧務實與夢想。

現在還是有很多企業以老闆馬首是瞻，老闆想做什麼，大家就聽話去做，也才有資源；但有時候，問題是老闆離市場太高太遠，其實最靠近客戶與市場的是基層人員與年輕人，年輕人可能更有想法、更接地氣，提出的作法也更符合需求，建議企業可以多給年輕人機會、資源與舞台，結合務實與夢想，讓他們發揮創造力，也讓企業能再創下一個高峰。

2-3
背景調查不再單向
——求職者也在調查你！

「HR 上輩子在養鴿，這輩子被放鴿」，這是一句行內的玩笑話，但被放鴿的確是 HR 的日常。為什麼你會被放鴿呢？你有上網搜尋你們公司的評價嗎？會不會因為網路的負面評價或是新聞，有一部分求職者自行取消面試，讓你事倍功半？

在一般面試的流程中，經過幾面與精挑細選，如果面試結果都是正面肯定的，接著就會進入背景調查（Reference Check）的過程，HR 會請求職者提供之前工作的關係人，最好是直屬老闆，可以很清楚地知道求職者的評價，比如工作內容、能力、態度、團隊合作、離職原因等等，有時會順便去 FB、IG 或 LinkedIn 看一下這個人在社群的發文、交友、社團狀況，也算是背景調查的補充資料。

求職者對公司的背景調查

反過來說，現在很多求職者都會對公司做背景調查。高達 80％以上的求職者，會在面試前上網查看公司相關的評

價，也有越來越多的管道可以得到相關訊息。國外最有名的是
Glassdoor，國內也有幾個網站可以了解公司或面試評價：104
公司評論、面試趣、求職天眼通、GoodJob、各行各業薪水薪
資查詢網等，當然還有很多面試經驗在 PTT 的 Salary、Tech_
Job、Soft_Job 板上，也有相關的薪水分享，或是 FB 的相關社
團。另一個管道是透過自己的人脈、學長姐親友，看有沒有認
識的人在這家公司上班，可以旁敲側擊內部的資訊。

　　以 Kevin 為例，他在一家外商公司擔任軟體工程師，工作
已經三年多了，期待自己有更大的舞台可以發揮，但公司內晉
升遙遙無期，比自己資深的同事都還在等，於是他開始找尋新
的工作機會。在人力銀行與 LinkedIn 上看到自己有興趣的公
司工作便投遞履歷，因為工作資歷佳，也收到了幾家的面試通
知。這時候，Kevin 才開始花時間了解各個公司的相關資訊與
評價，結果發現其中一家公司在求職天眼通與 PTT 的評價都
不是很好，就寫信給 HR 婉拒面試機會。由這個案例可以知道，
求職者也不想浪費時間在一家評價不好的公司，尤其是他有很
多面試可選擇的情況。

　　台中一家工具機廠中小企業在一次拜訪時老闆就提到，網
路評價讓他在招募上很辛苦，原因是一個沖床主管在教育訓練
上對新人比較嚴厲，新人於是在網路留下不好的評價。沖床主
管其實就是老式的教育方式，但沒有意識到現在年輕人已經不
吃這一套了。

改善雇主品牌時猶未晚

如果公司已有不好的新聞或評價，要怎麼改善雇主品牌？

你可能之前都沒搜尋過自己公司相關的評價，一搜尋才發現，真的有求職者或員工留下不好的評論，怪不得常常有求職者來取消面試。怎麼辦呢？建議幾個作法給大家參考：

一、坦承錯誤與勇於改正：如果評論屬實，可以在公司內部主管會議提出相關議題討論，並明確要求相關單位檢討改進，因為你是不是真的要改善這件事，員工是知道的，只有在坦承錯誤與勇於改正下，才有可能根本解決這個問題。

二、導入「面試滿意度調查」：有些外商公司常在做，但台商相對做得比較少。導入「面試滿意度調查」的好處是，你可以即時收到求職者的回饋，進而改進並優化公司的面試體驗與流程。另一方面是透過面試滿意度調查，也讓求職者有反應的管道，就比較不會去其他的評論網站留下負面評價。

三、回覆評論：感謝求職者提供的建議，並說明處理的經過與後續，如非事實也要藉由這個機會說明，讓網站不只有求職者的觀點，還有雇主的觀點。如果你夠真實與誠懇，負面評價的影響就會降低；但如果評論屬實公司又不求改正，反而是推卸責任或是攻擊求職者，由於求職者常常握有證據（比如LINE對話記錄、錄影、拍照等），求職者公開後，對於公司的負面影響會更大，在這個社群時代，甚至會演變成公司的公

關危機，對公司的商譽、形象、雇主品牌都是非常不利的。

四、搜尋排名優化：上面幾個建議都做了，但是求職者還是很容易搜尋到不好的新聞，該怎麼辦呢？答案是用搜尋排名優化，開始規劃雇主品牌、公關或是社會企業責任的新聞或是文章，用新的文章讓搜尋排名靠前，自然一些舊的負面新聞或評價就會跑到第二頁或是第三頁，這樣就可以減低負面評價的影響。你可以上網搜尋 SEO（Search Engine Optimization）搜尋引擎最佳化，但因為 SEO 要注意的環節不少，所以不妨找專精 SEO 的公司來幫忙處理。

五、用腳投票：在真實社會裡，總是有一些問題不是那麼容易解決的，比如說老闆或公司就是有一些問題，可能因為辦公室政治、皇親國戚，又或者是公司利益，老闆或高層從來就不覺得是問題，也不想改變，你提出問題反而會被內部質疑真實性或是懷疑你的動機；如果真的是這樣，或許離開會是一個比較好的選擇，因為問題沒有解決，之後會有更多的負面評價，也會越來越難找人才進來，即使人才進來了也待不久。在這種負面循環的環境下，做 HR 是很辛苦的。

輿情分析就是 HR 的雷達

好了，現在你很清楚求職者也會做背景調查，也了解這些評論可能會出現在哪裡，接下來的問題是：HR 平常工作就已

經夠忙了，怎麼有可能每天去這些網站看有沒有不利公司的言論？

其實不只你有類似的問題，行銷、公關都有一樣的狀況，資訊爆炸時代，FB、Google 每天就產生幾十億則貼文和搜尋，如果今天有消費者或使用者在網路或是社群發布對產品、公司不利的言論，要如何應對？台灣有一些公司在做輿情分析：意藍、我樂活、藍星球、InfoMiner、KEYPO 等，這些公司每天都會去各大網站爬梳所有的資訊，並且用語意分析去了解正面、負面還是中性評論，也會分析這個新聞或是貼文是不是在短時間內急劇升高，如果是，他們就會立即提醒你，你也要立即和高層討論如何應對。

輿情分析還有其他可以應用的方法，後續章節再做詳細介紹。

第 3 章

怎麼做雇主品牌之一：
由外而內收集資訊

　　做雇主品牌之前，要先由外而內（Outside In）收集
資訊：比如盤點自身優勢、運用雇主品牌評量清單、薪
資調查、員工滿意度調查等方式。

　　收集完資訊後，則要由內而外（Inside Out）建立價
值主張與傳播，包括：建立員工價值主張與共識、雇主
品牌定位、選擇傳播管道、重視入職流程、設定觀測指
標……。

3-1 HR 經營雇主品牌的四個困境與解決方案

先前的章節裡，我們討論了什麼是雇主品牌、為什麼要做雇主品牌。接下來，當然就該進入「如何做雇主品牌」的階段；但在討論怎麼做之前，也許應該先來談一下 HR 在經營雇主品牌時常見的四個困境。

最近「104 雇主品牌」平台做了問卷調查，針對台灣 HR 經營雇主品牌的困難提出詢問，彙整後排序如下：

一、不知道如何評估成效

在高階主管會議上，HR 常常會被挑戰的是：「你計畫做這些，到底可以為公司帶來什麼效益？」雇主品牌不像業務或行銷，有很明確的業績或數字來支撐；看似虛無縹緲的「品牌」怎麼設定指標？怎麼評估效益？

雇主品牌可以帶來的效益其實不少，這裡先列出一些指標給大家參考：104 雇主品牌百分位（PR 值）評比、平均招募成本、招募時間、公司頁職缺頁流量和競業的比較、主動應徵

人數、履歷符合比率、招募廣告點擊數、新人報到率、留任率、參加國內或國外的雇主品牌評比等等。這些都是國外 HR 在做雇主品牌的參考指標，初期建議不用全部都拿來衡量，可以先和主管討論，哪些是應該先觀測的重點，之後再考慮增加廣度（後面會有一個章節專門討論觀測指標）。

經營雇主品牌的效益是什麼？更快找到人才、人才品質更好、流量與主應數更多、留任率提升、品牌好感度提升、用人主管滿意度等等。

二、缺乏知識與方法論

這一點，正是筆者撰寫雇主品牌文章與書籍的原因。雇主品牌在台灣較欠缺固定的定義與方法，大部分 HR 都是片段的知道雇主品牌相關的資訊。之後的篇幅，筆者會討論怎麼做雇主品牌，但在此之前，我們要先由外而內（Outside In）收集資訊：比如盤點自身優勢、運用雇主品牌評量清單、薪資調查、員工滿意度調查等方式。收集完資訊後，則要由內而外（Inside Out）建立價值主張與傳播，包括：建立員工價值主張與共識、雇主品牌定位、選擇傳播管道、重視入職流程、設定觀測指標等等。

三、缺乏設計的創意能力

有不少 HR 反應，經營雇主品牌還是需要包裝和設計。HR 的資源有限，不像行銷公關預算多，還可以找代理商來提案與操盤。總之，預算較多的可以找代理商來提案，資源較少的可以考慮和行銷公關部門合作。在這個資訊爆炸的時代，其實網路有很多免費資源可以運用，如果缺乏靈感，可以去 Pinterest 看相關的作品，或是鎖定幾個雇主品牌的標竿企業（國內國外），持續關注與學習他們在 104 人力銀行網頁、LinkedIn、Facebook、Twitter、Instagram、LINE、YouTube 上的操作。

四、高層不重視、缺少人力或預算

最好的狀況是，你發現競業已經投入資源、經營雇主品牌了，你就可以說：「報告老闆，我們的主要競爭對手之一 A 公司已經在做雇主品牌，導致我們很多人才都去 A 公司上班（最好有數據佐證）；到今天為止，他們已經做了五件與雇主品牌相關的事情。」為了提升公司的人才競爭力，你要建議公司做哪些事情、有哪些指標可以觀測、預期帶來什麼效益、需要的資源有……。

如果你們的行業是比較不做雇主品牌的，但是貴公司確實持續有人才招募的痛點：找不到對的人、主應太少、離職率

高……，就可以把雇主品牌與痛點連結在一起，向老闆報告。老闆一定會問「為什麼要做雇主品牌」，你可以分析第二章提到的五個趨勢：高齡化與少子化、年輕人才勇闖海外、中美貿易戰、外商來台搶才與半導體大舉徵才；再對老闆說，這些趨勢帶來的後續直接影響是：薪資上漲與招募成本提高、找人的效率變低。

　　之前第一章也提過做雇主品牌的三個好處：減少招募成本與人才流失率、收入與利潤成長、建立企業的核心競爭力。希望採用了這些說明方式後，可以讓你影響老闆，讓老闆更有雇主品牌的觀念，增加人力，爭取預算，讓公司的雇主品牌越來越上軌道。

3-2 你知道你的雇主品牌經營成熟度嗎?

一般來說,大部分的HR都認同經營雇主品牌是很重要的,不過,怎麼評估雇主品牌自己做得好不好,又要怎麼往上提升?

五個雇主品牌經營層級

在歷年的〈104人資 F.B.I. 研究報告〉裡,我們把雇主品牌經營分成五個經營層級:

Level 1:尚無任何形象經營,在刊登招募職缺時僅介紹公司基本資訊。

Level 2:在刊登招募職缺時,除了介紹公司基本資訊之外,會強調公司的特色及優勢。

Level 3:除了刊登招募職缺上會強調公司的特色及優勢之外,還會彰顯企業文化與希望吸納哪些類型的人才,以及鼓勵具有哪些行為的人才加入。

Level 4:除了刊登招募職缺時會彰顯企業文化之外,還

會透過其他管道，例如員工口碑或是公關議題操作，以擴散經營企業形象來吸引求職者。

Level 5：會進行分析及提出承接企業願景、使命、價值觀，以及考量求職者重視的需求，藉此形成吸引求職者的「雇主品牌經營計畫」。

在 2021 年〈104 的人資 F.B.I. 報告〉裡，可以看到相關的數字：

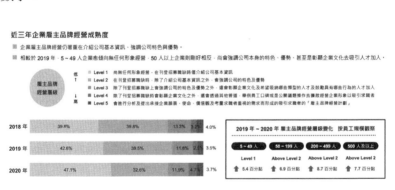

〈104 人資 F.B.I. 研究報告〉中的近三年企業雇主品牌經營成熟度分析

如何提升雇主品牌（從 Level 1 到 Level 4）

根據《2020 年中小企業白皮書》的資料，台灣 2019 年中小企業家數為 149 萬 1420 家，占全體企業 97.65％。有一次拜訪桃園的印刷電路板中小企業老闆，老闆聽到「雇主品牌」就說：「經營雇主品牌要預算和人力啊！都是大企業在玩的，我們中小企業沒資源沒時間沒人力，要經營雇主品牌談何容

易。」過去有很多中小企業老闆與 HR 講過類似的說法，但是透過研究我們也發現，超過 50 人的中型企業，雇主品牌的成熟度比例是在上升的，顯示越來越多的中型企業在意並開始經營雇主品牌。

各位 HR 不妨思考一下，目前自己公司的雇主品牌經營是在哪一個層級。在全台灣企業的經營層級分布裡，Level 1 占了約 47.1 %，從 Level 1 到 Level 2、Level 3 或 Level 4 都是 HR 可以自己做的，也不需要花太多的時間與資源。

怎麼做呢？

1. **盤點自己公司的特色和優勢**：和同業或是人才競業相比，自己公司有什麼獨特的優勢？核心競爭力是什麼？你可以簡單訪談一下業務、行銷或是其他相關主管，問他們：「為什麼客戶會選擇我們？」答案有可能是 CP 值高、專利、客群穩定、營運管理、客戶服務、經營歷史悠久等。緊接著，你就可以把自己公司的特色與競爭力放在公司基本資訊裡，再把這些資訊露出在不同的招募管道，可能是 104 的刊登、官網、勞工局的徵才活動、校園徵才等等，讓求職者知道自己公司的特色和優勢。恭喜你！這樣一做，貴公司的雇主品牌經營層級就已經到 Level 2 了，贏過 47.1%的企業。

2. **彰顯企業文化**：企業文化是什麼？企業文化就是創辦人希望員工在公司約定俗成的行為準則——什麼事情應該做，什麼事情不應該做；有些公司需要快速抉擇與決定，有些公司重

視服從與職場倫理，有些公司重視創意，有些公司重視團隊合作，每一個公司重視的價值不同，在不同的求職管道告訴求職者，也會吸引對的人才進入公司。

3. 說明需要人才類型：除了企業文化之外，你也可以努力了解優秀員工的人才樣貌：這些「關鍵人才」（Key Talent）普遍有什麼樣的特質，有什麼價值觀？既然公司認為這些員工優秀，那就代表他們除了「做對的事情」，還可以「把事情做對」，比如可能這些優秀員工樂於助人、沒有英雄主義、善於團隊合作、總是在工作上願意承擔責任等。萃取出這些特質來，也有助於排除不對的人才加入，做到這裡，雇主品牌經營層級就已經到 Level 3 了，超過 80%的企業。

4. 利用社群與影音內容：假設你上述的事情都完成了，還想繼續往上提升，有什麼事情可以做的呢？你可以把一些好的公司內容製作成容易傳播的影音（YouTube）、文字（Blog），透過 FB、IG、LinkedIn 傳播。好的公司內容有哪些？可能是公司業務有重大進展、優秀員工獲獎、公司的特色和優勢、公司文化、優秀員工的採訪現身說法等，現在都很容易使用手機、影音 APP 製作出非常有品質的影音內容，最後還可以請員工在社群（FB、IG、LinkedIn）上分享，讓更多的人知道貴公司的雇主品牌。如果能做到這一步，你在雇主品牌經營層級就到 Level 4 囉！

3-3

JOBS 四大維度
——雇主品牌評量清單

之前的章節曾提到雇主品牌的組成（JOBS），並將雇主品牌分成四大維度，分別是：

Jobs（工作）：工作地點、工作環境、工作生活平衡、工作保障、有趣、學習、挑戰性、自主性等。

Organization（組織）：公司文化、員工評價、升遷機會、老闆（主管）、同事、公司願景使命、公司聲譽、公司創新、用人理念、國際化等。

Benefits（利益）：薪資、公司福利、公司營運績效、員工認股等。

Society（社會）：企業社會責任（CSR）、環境社會和企業治理（ESG）、永續發展目標（SDGs）、環境社會公司治理（ESG）等。

雇主品牌乍聽是很虛無縹緲的東西，但我們相信，雇主品牌正是由這些維度與要素組成的，如果公司可以列出這些維度與要素，和競業相比，所有的 HR 同事一起評分（1～5分），看看哪些比競業好，需要進一步維持或擴大優勢，哪些比競業

差，必須逐步優化，這樣很具體，老闆也比較容易理解，雇主品牌一定會越來越好。因為持續提升雇主品牌很重要，所以針對每一個要素以下再詳細說明，讓大家更了解。

雇主品牌評量維度一：Jobs（工作）

1. **工作地點**：從很多調查可以知道，工作地點是求職者會考慮的重要因素之一；交通是否便利，是否有大眾交通工具（公車、捷運），都是求職者會在意的。如果公司地點在比較偏遠的地方，求職者就會想知道是否有公司宿舍，或是接駁車等；再來就是可否遠距工作，如果公司一週可以接受幾天遠距工作，這也會是個亮點，可以吸引一些過去沒辦法吸引到的人才。像 104 人力銀行就有「按地圖找工作」的功能，求職者可以自行選定多久交通時間內的工作職缺。

2. **工作環境**：越來越多的公司，都努力營造更好的工作環境來吸引或留住人才，比如辦公室的裝潢與空間（裝潢與公司理念或文化結合、增加開放空間等）、辦公設備（符合人體工學的辦公椅、升降辦公桌、有 Mac 或是 PC 可以選擇），或免費零食與餐點、員工餐廳、按摩，甚至是洗衣、托嬰等服務。辦公室是員工朝夕相處的地方，工作環境越舒服，員工就會留在辦公室越久，創意與生產力更高。不同的產業會有不同的需求，傳統產業也不一定就要開放式辦公室，而是根據業種與需

求而定。現在也有一些共享辦公室，像是 WeWork、JustCo 等，這些辦公室的地點、環境都很不錯，可以是另外一種選項。

3. 工作生活平衡：求職者會在意這個部分，所以 HR 也應該重視。畢竟如果工作很血汗，很直接的結果就是網路評價差，找人難，留人更難。求職者因為有很多選擇，都會到工作與生活能夠平衡的地方工作。很多公司推動工作與生活平衡，目的就是提高吸引力與員工留任力，也希望可以藉此增加員工的敬業度。104 調查指出，Z 世代（1995 年以後出生）找工作時，最重視的就是工作與生活的平衡，畢竟工作不是人生的全部，隨著越來越多的 Z 世代進入職場，這部分也越來越重要。另外，很多員工有了家庭與小孩、邁入人生的另一個階段，或是家裡有高齡者需要照顧，公司的支持就很關鍵。工作生活平衡主要分成工作、家庭、健康三個部分，一些實務作法有：彈性工時、員工協助方案（EAP）、家庭日、健康促進、預防職場霸凌、多元溝通管道等。

> 我們需要將自己放在比「待辦事項」更高的順位上。
> ──蜜雪兒・歐巴馬（前任美國第一夫人）

4. 工作保障：簡單的定義就是員工保有工作的可能性，包含職能、任務職掌、薪資，雇主不能隨意調整或降低工作條件，也不能隨意解僱或資遣。尤其是在 Covid-19 疫情期間，工作

穩不穩定對於求職者更加重要，有很多求職者寧可薪水低一點，但工作的保障多一些，一個工作擁有高薪但做不久，另一個工作薪水中高但比較穩定，我相信有很多人會選擇較穩定的工作。對於身為父母的員工而言，他們是家庭的經濟支柱，工作穩定也是很重要的一個條件之一，畢竟有些人可能有房貸、車貸，或是日後有這類規劃，一份不穩定的工作會影響貸款的申請。

　　5. 有趣：工作無趣，讓人沒有主動應徵的意願，在職員工也會因為工作無趣而想要離開。怎麼讓公司裡的工作更有趣呢？可以參考一些書籍，比如周郁凱（Yu-kai Chou）的《遊戲化實戰全書》（*Actionable Gamification*）、鮑勃・納爾遜（Bob Nelson）的《零成本 1001 種獎勵員工好方法》（*1,001 Ways to Engage Employees*）。《遊戲化實戰全書》提到「八角理論」（Octalysis）：重大使命與呼召、進度與成就等；鮑勃・納爾遜的著作則認為，任何人都渴望得到認可和獎勵，但傳統的激勵方式已經過時，非金錢形式的表彰通常比金錢獎勵更加有效，比如寫感謝電子賀卡、兩天「我不想起床」的免費假期、訂製商品、製作獎盃等。

　　我們認為讓員工玩得開心很重要……它可以提高員工的敬業度。

　　　　　　　　　　　　——謝家華（Tony Hsieh，Zappos 前執行長）

6. **學習**：現在的社會變化快速，持續學習或是終身學習，已經是現代工作者必要的習慣與態度，所以工作中是否可以學習到新的技能，與時俱進，也是現在人才很重視的環節。同時，面對科技日新月異的挑戰，員工如果還是採用舊的工具、舊的作法，那麼公司也可能會逐漸沒有競爭力而衰退，AI、IoT、5G、電動車、綠能、智慧醫療、半導體先進製程等，都有可能是顛覆產業的新科技。另外，很多公司近年都導入線上學習，比如和「Hahow 好學校」合作的企業，就有國泰金控、台新金控、日立亞太、華碩、趨勢科技、華航等等；很多外商也和 LinkedIn Learning 或是 Coursera 等線上學習平台合作。另一種可行的作法，則是內部的一些訓練課程；因為人才難尋，與其眼看著有經驗的人才來了又走，那還不如找一些有潛力的新人來做內部訓練，效果會更好。還有一些公司會有導師（mentor）制度，讓新人向有經驗的學長姐或前輩學習，可以少走很多冤枉路。

　　終身學習是有目標、有紀律、有系統的學習。

——張忠謀（台積電創辦人）

7. **挑戰性**：穩定性與挑戰性，常常都是好員工所追求的，當工作過於穩定時，員工就期待能有一些挑戰，但往往工作很有挑戰的時候，又希望能穩定一點；沒錯，人類就是這麼矛盾。

從公司的角度來看，新科技快速交替、全球化浪潮與資訊透明都讓商業競爭更激烈，如果員工都不願意接受挑戰，公司就很有可能會在激烈的競爭中落敗。挑戰是什麼？可能是從沒做過的工作，或是專案、導入新科技或新技術、訂定比原本成長更高的業績目標、從事之前不擅長的工作、輪調不同的部門、改變職務或晉升主管等等。其實，挑戰就像是爬一座比之前更高、更難的山，會讓員工更有自信，開發自己的潛能，看見自己的價值。讓員工接受挑戰，對於提高公司的競爭力、留住人才、拓展員工的職涯都是有幫助的。可以用問卷調查的方式，來了解員工對於工作是否有挑戰性的想法。

　　嚴格不是嚴苛，並不是做不到的事情。它是你墊著腳尖就搆得到的一個夢想。

——江振誠（米其林主廚）

　　8. 自主性：自己能獨立的決定工作方式，相信是很多人夢寐以求的；Z 世代在工作上也更看重工作自主，希望得到主管的信任和支持，不喜歡「一個口令一個動作」的工作方式。工作自主性應該是雙方共同評估的過程，而不是單方決定的；主管應該更在意的是工作結果而不是過程，工作者也必須證明自己可以獨立、有質量的完成工作目標。公司可以每一季都討論一次工作自主性的細節，如果一些工作員工已經上手了，主管

就可以充分授權,讓員工盡情盡力發揮。當然,工作上可能會有一些新的、不熟悉的任務,如果員工較資深、有自己解決問題的能力,熟悉公司文化與價值觀,就可以讓這些資深員工去試試看,主管只要定期檢視工作狀況,在過程中適時提供建議與指導;但如果員工資歷尚淺,面對新問題沒辦法自己解決,這時候,比較好的方式還是由主管帶領員工一起完成任務。工作自主性,也可以用員工滿意度調查的方式來了解。

> 人擁有自主權解決自己的問題時,他們的生產力最高。
> ——約翰‧洛瓦根(John Rollwagen,克雷公司〔Cray Research〕執行長)

雇主品牌評量維度二—— Organization(組織)

1. 公司文化:公司文化是成就一個偉大公司不可或缺的條件之一。簡單說,公司文化就是創辦人或是初始成員的價值觀;公司老闆或高層重視什麼、KPI是什麼、獎勵或處罰什麼行為,久而久之,就形成一種文化。不同公司,文化可以是很不一樣的。有些公司力行軍事化管理,「一個口令一個動作」,聽老闆的就好,員工不用再去多想什麼;有些公司重視創新、重視設計,有些公司非常重視客戶……。公司文化沒有絕對的對錯,不同的公司文化都各自有非常成功的公司,也因此各自吸引不同價值觀的人才,但切記不要成為沒有任何特色的公司文

化，這樣也會吸引沒有任何特色、各種價值觀的人才。

公司文化就是當老闆不在時，員工所作的決策、表現、說的話，都能跟老闆在場時一樣。

——張明正（趨勢科技創辦人）

2. 員工評價：如今已是資訊發達的時代，很多資訊網路上都看得到；如果公司不重視員工，不傾聽員工的想法，那麼，員工在網路上對公司的負面評價就會影響徵才的效果。如同前面〈背景調查不再單向〉一節中提到的，求職者現在也在調查公司的所言所行。80％以上的求職者，會在面試前上網查看公司相關的評價，國內有幾個網站可以了解公司或面試評價：104 公司評論、面試趣、求職天眼通、GoodJob、各行各業薪水薪資查詢網、PTT 等，在這一類的平台上，都可以查到公司與競爭對手的評價，員工評價越高，公司的人才吸引力與員工留任力也會越高。

你不能以你將要做的事來建立信譽。

——亨利‧福特（福特汽車公司創始人）

3. 升遷機會：在 104「員工滿意度調查」裡面，平均倒數第二名的構面是「發展滿意度」，原因是每個人都希望自己能

夠有晉升發展的機會，但內部的機會永遠是有限的，因此也很不容易讓員工滿意。優秀的人才不會讓自己停滯不前，如果公司沒有升遷的機會，這些人就有可能到別的公司找更好的機會。怎麼讓人才持續有可以發揮的舞台，是 HR 必須思考的議題。一些大企業會去區分管理職與技術職兩個升遷管道，好處是讓技術職的人才有晉升的機會，除了避免一個好的技術職人才成為一個不好的主管，也可以鼓勵優秀人才去開發新的市場與機會，或是讓這些人參與新專案，活化人才資產之外，也可以帶來很多不同的創意；有些公司每年會舉辦創意大賽，讓優秀人才發光發熱。

4. **老闆或主管**：主管對於員工的去留影響很大，包含：主管領導風格、是否關心下屬、回饋與教導、支持員工、激發潛能、以身作則等，稍大一點的公司裡，都有不同的部門與主管，藉由橫向的員工滿意度比較，就能知道各主管不同面向（激勵、承擔、溝通、指導、團隊建立等）的表現。你也可以從一些外部的平台了解公司或部門的評價：104 公司評論、求職天眼通、PTT……等。至於相關同業的組織資訊，平常可通過已經入職的同業同事，或是參加同業工會、面試的方式去收集相關訊息，比如找同業的人才來面試，透過面試的問題就能更了解同業目前的第一手情況（部門概況、為什麼想要換工作、現在工作遇到什麼問題、工作情境），當作之後擬定人才策略的參考。

展望下個世紀，領導者將是那些為他人賦能的人。

——比爾·蓋茲（微軟創辦人）

5. 同事：和一群優秀的同事共事，大家願意就事論事、共同解決問題、互相學習、不推掩塞責、坦承透明，在這樣的環境裡工作，自己也會變成一個更優秀的工作者，學習到更多東西、成長更快。反之，如果公司都是一些官僚的同事，遇到問題就逃避或推托、對老闆阿諛奉承、排除異己、否定真正的貢獻、只想做政治正確的事情，這樣劣幣便會驅逐良幣，無法留住好人才，對組織或公司都會有不好的影響。可以藉由「滿意度調查」來了解這個部分，建立好的文化與價值觀，透過止惡揚善的方式逐漸改善。104 的「員工滿意度調查」也有同事的構面，可以和同業相互比較。

人們塑造組織，而組織成型後就換為組織塑造我們了。

——邱吉爾（英國前首相）

6. 公司願景使命：每家公司都有不同的願景與使命。簡單說，「願景」（Vision）就是「我們要往哪裡去」，比如公司未來 10 年的方向，如果是「成為行業龍頭、全球第一」，那就是一種願景。使命（Mission）則是架構在願景之下，宣示我們要如何實現那個願景，比如「成為客戶的最佳夥伴」、「持

續創新」與「以客為尊」等等。以台積電為例，願景是「成為全球最先進及最大的專業積體電路技術及製造服務業者」，使命是「作為全球邏輯積體電路產業中，長期且值得信賴的技術及產能提供者」。星巴克的願景是「讓全世界體驗咖啡文化」，使命是「持續追求卓越以及實踐企業使命與價值觀，我們透過每一杯咖啡的傳遞，將獨特的星巴克體驗帶入每位顧客的生活中」。讓求職者了解公司要往哪裡去，怎麼實現是很重要的，這樣也可以吸引志同道合的人才。

　　任何一個組織，首先要問你的使命是什麼，你的願景是什麼，你的共同價值觀是什麼，你要得到的結果是什麼。只有這樣才能建立一個了不起的組織。

——馬雲（阿里巴巴創辦人）

　　7. 公司聲譽：公司聲譽，指的是公司給大眾的綜合印象；我們可以透過問卷調查、參與品牌價值排行或是輿情分析，了解目前的公司聲譽。公司聲譽和產品服務品質、客戶口碑、經營績效、市場能見度、公關操作、危機處理、CSR 都有相關，可以視為長期的經營指標。之前知名食品大廠的食安事件影響公司形象甚巨，消費者抵制、業績衰退、員工離職、人才不願意應徵，帶給公司很大的傷害，需要很長的一段時間才有辦法恢復。經濟部工業局的「品牌價值調查」，與全球權威品牌調

查機構 Interbrand 合作，兼顧量化財務分析與品牌經營管理面向的質化構面分析，還有「Brand Asia 亞洲影響力品牌調查」，透過日經 BP 顧問公司，以四大指標為主要評分標準（分別是親切友善、便利實用、卓越出色和創意革新），都可以當作公司聲譽的參考。

8. **公司創新**：在面臨全球化的競爭環境下，創新已經是公司建立護城河的關鍵；台灣專利申請數全球第二、研發支出占 GDP 比重全球第五，都是注重創新最好的證明。如果從全球百大創新報告裡的評比指標來看，也就是新發明專利數、專利影響力、專利獲准率、專利國際化程度，可以看出一家公司的研發與創新實力；另外，與知名大學產學合作，公司內部的實驗中心與研究院等也都是評比指標。以台達電為例，全球有 75 座研發中心、10,119 項專利、9915 名研發工程師（2021 年）；鴻海有五大研究所，專注於未來 3 ～ 7 年的前瞻技術研發，提升鴻海的創新能力。優秀的研發人才當然希望能在資源充足的公司任職，發揮更大的影響力。

創新是一種新的做事方式，可以帶來積極的變化，讓生活更美好。

——史蒂夫・賈伯斯（蘋果公司創辦人）

9. **用人理念（選才標準）**：願景和使命，是告訴求職者

我們要往哪裡去和怎麼去；用人理念則是要讓求職者明白，什麼樣的人是我們希望一起打拚的合作夥伴。張忠謀多年前提到「新世紀需要哪種人才」時，提出了四個傳統價值與七個新的特質與能力；四個傳統價值為：正直與誠信、大我、勤奮、長期耕耘，七個新的特質與能力分別是：獨立思考、創新、自動自發與積極進取、專業訓練加上商業知識、溝通能力、英文能力、國際觀。近幾年很夯的數據驅動、數位轉型，也算是新的人才能力。公司的用人理念，可以先和老闆或高層討論，哪些價值或能力是最重要的，確認後再納入公司的選才標準與教育訓練規劃，把用人理念放在招募活動或是人力銀行的公司介紹裡，藉此和競業有所區隔，吸引對的人才加入。

> 將合適的人請上車，不合適的人請下車。
>
> ——詹姆斯‧柯林斯（《從 A 到 A+》作者）

10. 國際化：當企業大到某個規模以上，為了持續追求業績成長，就不會只把市場放在台灣或是單一市場，而開始往國際化發展。台灣的國際品牌（比如台積電、華碩、趨勢科技、捷安特、宏碁……），公司內的一些好人才都不會只侷限於在台灣工作，更希望到國際上發展。很多國際公司都會有的各國輪調、多元包容、體驗異國文化、挑戰不同市場、與全球人才合作等，這些優勢就是本土企業所不會有的，像近期的新南向

政策，中美貿易戰產生的製造板塊的轉移，都讓變化更加激烈，也更需要國際化的人才。

雇主品牌評量維度三——Benefits（利益）

　　1. 薪資：薪資可以說是全球求職者都最在意的一個要素，薪資沒有競爭力，自然不容易找到好的人才。怎麼知道自己公司有沒有競爭力呢？金管會公布的台灣上市櫃公司所有薪資中位數資料可以當作參考，另外，104 的「薪資福利調查報告」也已累積 1,600 家企業的薪資數據，調查結果更符合台灣市場的薪資分布；如果是國際化公司，可以考慮美世（Mercer）的整體薪酬調查 TRS（Total Remuneration Surveys）或是一些外商獵才公司，會有跨地區的薪資福利比較、了解各市場的差異。人資除了必須了解目前公司薪資水準在 PR 值的哪個範圍，另一方面，也要藉由面試掌握同業的薪資水準，知己知彼，才有機會在人才爭奪戰中獲得勝利（後面會有一個章節專門討論薪資）。

　　2. 公司福利：薪資之外，求職者第二在意的要素是公司福利，從 KEYPO 大數據網路聲量來看，公司福利依序是：獎金紅利、員工分紅、教育訓練、年終獎金、團保、彈性工時、社團活動等等。另外，公司員工如果女性較多，有些福利會讓女性有更好的工作環境，比如育嬰制度、托嬰中心、哺乳室等。

人資可以思考一下：自家公司的福利優勢是什麼？如何建立福利優勢？目前台灣有些公司已開始導入「彈性福利」的政策，簡單說，就是用同樣額度的福利費用，但公司除了基礎福利之外，還提出更多選擇型福利讓員工挑選，有些人單身、有些人有家庭小孩、有些人養寵物、有些人年紀較長等，讓所有的員工都可以照自己的喜好和需求挑選福利，雖然花的是同樣的錢，但員工的滿意度會更高。

補充說明一下。薪資與公司福利，是雇主品牌評量清單裡很重要的兩塊，HR 一定要花較多時間去研究與思考，因為這也是求職者最在乎的兩個要素；如果薪資與福利都輸別人，HR 找人才就會事倍功半，花很多時間邀約、面試，人才卻都不願意來。建議可以對不願意來工作的人才做問卷調查，了解為什麼不願意來你們公司，累積成數據給高層參考，也當作之後人資優化的依據。

3. 公司營運績效： 公司營運績效的好壞，和公司在市場的核心競爭力有關，核心競爭力越強，越有市場定價權。這裡所說的核心競爭力，包括公司這幾年的營收成長率、獲利成長率、每股獲利能力、現金流等等（上市櫃公司都有公布財報與營運績效）。根據 Gallup Path 的理論，有優秀的員工就會有忠實的客戶，營業額與利潤也會跟著成長，這部分可以研究一下歷年的財報，有好的營運績效也應該讓人才知道，因為人才都希望能加入營運績效佳的公司，和公司一起成長。

4. **員工激勵制度**：這個部分算是福利的延伸，但因為員工激勵比很多福利都還重要，就另外拿出來說明。除了一般公司會有的年終獎金、工作獎金之外，激勵員工的方法還有：員工優先認股權、分紅配股、認股權證、技術入股、股票信託等等，這裡就不深入說明個別的細節。設定激勵制度的目的，主要就是希望個人績效、收入與未來公司的績效相結合，目標一致，另外，有採用激勵制度的公司員工留任力也會比較高。

雇主品牌評量維度四—— Society（社會）

1. **企業社會責任（CSR）**：企業能夠成功，天時地利人和缺一不可，所以社會（地利）也是很重要的一環。越來越多的企業家願意「取之於社會，用之於社會」，大多數企業也願意用更高的標準來進行商業活動，以期對社會有所貢獻。《天下》雜誌二十多年前就率先提倡企業社會責任 CSR 的觀念，讓企業核心能力與 CSR 相結合，新世代的人才更在意工作的社會意義，也越來越重視企業社會責任，因此，公司 CSR 做得好的更能吸引新世代人才。

2. **永續發展目標（SDGs）**：氣候變遷、環境污染、能源消耗是過去幾個世代經濟發展時所帶來的副作用，地球只有一個，未來的企業經營不能再重蹈覆轍了。那麼，怎麼讓未來可以永續發展呢？2015 年聯合國的永續發展會議，通過了

多達 17 項的永續發展目標（SDGs），包括消滅貧窮、消除飢餓、良好健康與福祉、優質教育、性別平等、潔淨水和衛生、潔淨能源、優質工作和經濟發展、產業創新和基礎建設、縮小不平等、永續城市和社區等。世界級的企業如蘋果提出〈供應商責任進度報告〉、〈環境進度報告〉，推出綠能政策，要在 2030 年達成零碳排的目標。台灣已有不少企業響應 SDGs：台積電、台達電、玉山金控、中國鋼鐵、富邦金控、信義房屋等，相關的獎項有 TCSA 台灣企業永續獎，政府也於 2019 年研擬出「台灣永續發展目標」，企業如果能選擇一些和業務相關的 SDGs，為永續發展做出貢獻，自然會得到較多人才的青睞。

3. 環境社會公司治理（ESG）：ESG（Environmental, Social, Governance）是最近相當火熱的概念，環境（Environmental）涵蓋氣候變化、自然資源、污染及廢棄物與環境機會 4 個主題，社會（Social）包括人力資源、產品責任、利益相關者異議和社會機會 4 個主題，公司治理（Governance）包含公司治理及公司行為 2 個主題，ESG 主要是用來衡量企業的表現與風險，用上述的 3 個面向、10 個主題、與 37 個關鍵指標來評估分數。

走筆至此，已經大致說明了所有的評量維度與相關要素，大家可以選擇自己覺得重要的維度與要素去相比。不同的要素

可以設定權重，比如薪資、福利權重設定高，工作自主性、永續發展設定低，列出來後，自然會發現有一些待改善的項目可以持續優化。

3-4
104 雇主品牌：
人才市場洞察報告

雇主品牌經營的挑戰，在於缺乏針對全市場的量化衡量的工具。傳統上，透過觸及人數、問卷調查等僅能取得部分資訊，無法回答整體市場的現況，這也讓雇主品牌經營的投資有見樹不見林的問題。另一方面，取得資訊的成本也是企業對經營雇主品牌裹足不前的原因，針對品牌經營做的市場調查所費不貲，動輒百萬起跳，一般企業無法負擔。

一個常見的情況是，人資部門有意識到經營雇主品牌對公司的重要性，但無足夠資訊說服老闆投入資源，無法回答老闆對經營成效的疑慮，舉例來說：

- 我們公司的雇主品牌長期表現如何？跟競爭對手相比孰優孰劣？
- 我們投資的預算及人力，取得了什麼短期及長期效益？
- 為公司塑造的雇主品牌形象是什麼？是否有準確吸引到我們的核心職務人選？
- 我們經營雇主品牌的方向正確嗎？是否能與人資策略

及公司營運目標密切結合？

這幾項，都是我們在訂定雇主品牌策略及投入資源前必須釐清的問題。

「104 雇主品牌」是一個提供企業「雇主品牌資訊及人才市場洞察報告」的服務。透過「吸引力」及「留任力」兩個維度的搭配，將抽象的雇主品牌轉換成量化指標，反應企業實際吸引人才及留住人才的能力，持續追蹤觀察公司經營雇主品牌的成效，並可與市場上的競爭對手比較。

吸引力的衡量，依據的是各公司在市場上吸引到職的人才數量及質量；吸引力越高，代表同期在市場上吸引到職的人數及品質比其他公司好。留任力是依據各公司的短、中、長期人才留任狀況來評估，越高比例的人才願意持續留任則留任力越高。透過「104 雇主品牌」，可協助人資長及經營管理主管訂定公司的人資策略，持續調整雇主品牌經營的節奏。

以下我們透過「104 雇主品牌」這個工具中實際的企業經營案例來回答上述問題，因為內容為真實公司資訊，為保護其公司隱私，故針對公司名稱做了更動。

圖 1 為 A、B、C 三間餐飲業公司的整體雇主品牌變動趨勢，觀察圖中曲線變化，A 公司原為同產業中雇主品牌的領導者，整體雇主品牌維持在 PR80 左右，2018 年初開始下滑，龍頭地位逐漸被 B 公司取代，整體雇主品牌於 2019 年初滑落至

市場第三。

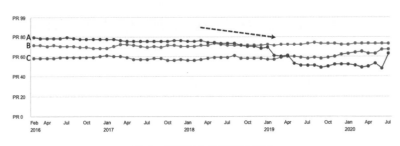

圖 1：整體雇主品牌變動趨勢

　　進一步分析雇主品牌下滑的原因，圖2為吸引力變動趨勢，可發現 A 公司的吸引力自 2016 年中就開始緩慢下滑，2018 年後下滑幅度變大，直到 2020 年 Covid-19 疫情爆發。圖 3 留任力則在 2017 年初有個較大的下降區間，但後續仍能維持在 PR20 左右，相較於 B、C 兩家公司，A 的留任能力明顯較強，在同產業中留任力也相對優異。

　　因此，我們可以推論，A 公司的整體雇主品牌下滑是受到外部吸引力下滑所致，而外部吸引力下滑與整體招募到職的人才有關，造成這個影響有兩個原因：一是公司沒有招募需求，一是有需求但招不到人。沒有招募需求有可能來自營運需求放緩，或留任力提升造成招募速度放緩，因同期留任力並無明顯變化，故可推論其吸引力下降來自於營運策略調整，例如展店接近飽和或重新評估各店效益等。

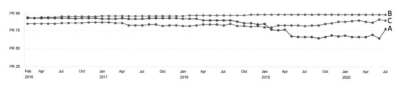

圖 2：吸引力變動趨勢

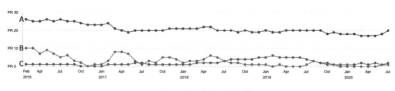

圖 3：留任力變動趨勢

　　上例呈現的，是長期追蹤雇主品牌變化並觀察與競業間的落差的方法。

　　對於雇主品牌經營策略的分析，可以透過另一個工具如圖4。圖中每個點是一間公司目前的雇主品牌狀況，橫軸是吸引力，越靠右邊的公司表現越好；縱軸是留任力，越靠上面表現越好。圖 4 是 2021 年疫情爆發後的狀況，從圖中可看出大部分餐飲業公司的留任力（縱軸）在全市場評比集中在 PR 25 以下，也就是說，相對於其他產業，餐飲業的整體留任狀況是比較艱難的。

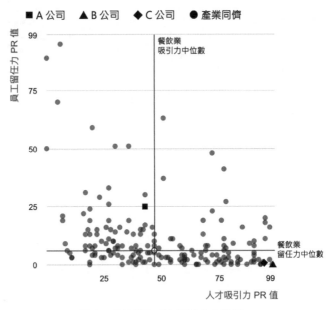

圖 4：餐飲業的雇主品牌分布狀況

接下來，我們用圖 5 來解釋雇主品牌經營策略。

若公司落在圖 5 右上角第一象限，也就是吸引力及留任力皆優於產業中位數，代表雇主品牌經營成效佳，已位居該產業領先集團，公司有適合的人資策略與良好的人資管理制度，經營者已找到人資管理與經營績效形成良性循環的方法，整體雇主品牌具市場競爭力。

若公司落在圖 5 左上角第二象限，代表雇主品牌經營策略偏保守，資源分配以留才為主，內部組織穩定，但缺乏新血加入激發新的火花，人資策略無法驅動營運動能的成長，公司在招募市場的能見度低。

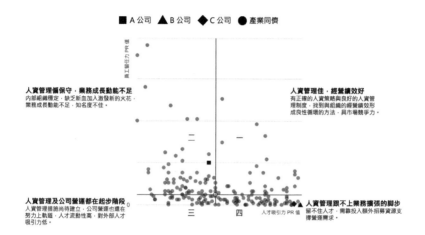

圖 5：雇主品牌經營策略分析

　　若公司落在圖 5 左下角第三象限，代表雇主品牌經營仍在起步階段，經營者還沒找到適當的策略，好讓人資管理和營運績效間產生正向循環——所有企業從小到大的發展過程，都一定會經過這個階段。定義眼前公司營運的問題，並調整人資策略來因應，是這些公司經營者的當務之急，尋求人資管理策略和公司經營績效間的最佳解，才能讓公司快速脫離這個階段。

　　如果公司落在圖 5 右下角第四象限，代表雇主品牌經營策略跟不上業務擴張的腳步，公司留不住人才，需依靠投入額外的招募資源及訓練資源來支撐營運需求。可優先考慮提升員工的薪資福利等留才策略，減緩流失狀況。

大多數公司的人資策略都受產業既有模式的影響，以圖 5 中的餐飲業為例，大部分公司留任力落在 PR25 以下，顯示餐飲業主流是公司不重視人才培養及留任，人走了就再找，找到沒多久又走，形成惡性循環，持續增加招募的成本，而且這個額外成本還會隨著公司規模擴大倍數增加。跟隨產業主流的雇主品牌經營策略是否能帶來企業的成功，是很值得經營者思考的；選對自己的雇主品牌定位，也許才是讓企業成功突圍的關鍵。

進一步分析 A、B、C 三家公司的雇主品牌經營，B、C 兩公司相似，吸引力極高但留任力極低，這與大部分餐飲業的發展策略相同，隨著營運成長、擴點，需要不斷招募人才，但又留不住人，只能加碼擴大招募。反觀 A 公司的策略，就與一般餐飲業的選擇不同，留任力超越大部分餐飲業的表現，表示在員工薪資福利及建立員工對公司認同等活動上，A 公司願意付出比同產業多的成本，好讓人才願意留在公司。另外，雖然 A 公司的吸引力表現不如 B 和 C 好，但在產業中仍屬中等，原因可能是 A 公司有較佳的留任力，所以不需要大量額外招募，以及正在因應所面臨的市場狀態並調整經營策略。

重點不是所選擇策略的好壞，而是公司「有意識」地經營自己在人才市場上的定位！

如果公司有意識到自己目前在市場的雇主品牌定位，所訂定的策略是朝企業想要的方向發展，那就是在資訊充分的狀態

下做的決策；最後不論成敗，對主事者來說比較不會有遺憾。
但若僅因缺乏資訊，沒有意識到自己正在用一個不符合企業文
化及價值認同的方式經營雇主品牌，最後造成經營績效不佳，
付出高昂的機會成本及雇主品牌價值的損失，事後檢討必會懊
悔不已。

3-5 如何判斷自己公司的薪資競爭力？

　　每個 HR 都知道，在求職條件裡薪資是最重要的一環，不但求職者大多會優先選擇薪資高的工作，自家員工也會為了更好的薪資條件而跳槽；但是，薪資也是很複雜的，不同的產業、企業規模，薪資水準都不一樣，有些職類則是跨產業的，像是資訊工程師，半導體、通信網路業、資訊服務業等產業都在搶同一批人，不了解這些情況的話，招募人才時就會導致事倍功半，做了很多事，面試了很多求職者，結果卻是很少人才來工作，每年的目標都沒有達成。

　　以下，我們就來討論一下，你要怎麼知道自己公司的薪資競爭力是高還是低？

金管會上市櫃薪資

　　如果你服務的地方是家上市櫃公司，要參考每年金管會公布的台灣上市櫃公司所有薪資資訊。從 2019 年開始，金管會為提升公司治理資訊揭露品質及強化社會責任，首次彙總揭示

本國上市公司申報之 2018 年度非擔任主管職務之全時員工薪資資訊，統計資料包括員工人數、薪資總額及薪資平均數。但因為如果單看薪資平均數，可能會因為部分員工薪水過高或是過低，而沒辦法反映真實數字，所以 2020 年加上薪資中位數，讓薪資資訊變得更加透明。如果公司薪資平均數低於 50 萬，金管會要求公司需提出相關說明，解釋為何薪資較低，與公司經營績效的關係。

以 104 為例，2020 年 104 人力銀行員工薪資平均數為111.4 萬，於上市資訊服務業裡的 12 家排行為第 3，看起來是有競爭力的，但 HR 也會去了解我們的人才競業，哪些公司與產業也會找相同條件的工程師，他們的中位數大約是多少，當作日後談判與調整薪資的參考。

如果貴公司是跨國企業或是外商，就可能要參考一些國際顧問公司薪資報告，像是美世、韋萊韜悅（Willis Towers Watson）、藝珂（Adecco）、米高蒲志（Michael Page）等，才能更了解整個台灣與海外市場的薪資狀況。

104 薪資福利調查

如果你的公司是家中小企業，建議參考 104 薪資福利調查。2021 年參與 104 薪資福利調查的有效樣本超過 1,010 家，分四大產業，所有的數據都是由企業方參與並提供真實數據，讓

HR 掌握公司的薪酬競爭力。

產業類別	公司代號	公司名稱	非擔任主管職務之全時員工資訊						每股盈餘（元／股）
			員工薪資總額（千元）	員工人數年度平均（人）	員工薪資平均數（千元／人）		員工薪資中位數（千元／人）		
					109年	108年	109年	108年	
資訊服務業	5203	訊連	472,817	364	1,299	1,250	1,010	968	2.26
資訊服務業	2471	資通	290,384	260	1,117	1,086	1,025	984	2.07
資訊服務業	3130	一零四	801,075	719	1,114	1,104	972	968	7.80
資訊服務業	6183	關貿	563,282	532	1,059	1,030	952	941	2.25
資訊服務業	3029	零壹	232,026	236	983	927	830	800	3.55
資訊服務業	2480	敦陽科	441,269	460	959	961	891	888	4.68
資訊服務業	6214	精誠	1,625,509	1,728	941	934	781	758	6.72
資訊服務業	6112	聚碩	349,017	371	941	918	763	727	2.91
資訊服務業	2453	凌群	839,679	967	868	833	778	747	1.70
資訊服務業	4994	傳奇	383,390	523	733	658	648	597	3.91
資訊服務業	2427	三商電	457,367	645	709	702	662	646	0.63
資訊服務業	2468	華經	206,554	303	682	671	605	594	0.55

公開資訊站上市櫃公司薪資資訊

　　參與會員的企業，104 會提供人資或企業主免費薪資查詢工具使用，交換資料立即取得市場第一手報告。免費交換項目包含：400 多項職務薪資、新鮮人起薪、福利政策、調薪制度、外派調查等。調查報告裡，有分年本薪、固定年薪、保障年薪、年薪總額、P25 ／ 50 ／ 75 ／平均值等，還有福利事項像是：員工餐廳、宿舍、健身房、安親班、交通車等。在 HR 考慮薪資福利時，提供更全面與深入的分析資訊，讓薪資福利報告更有說服力。

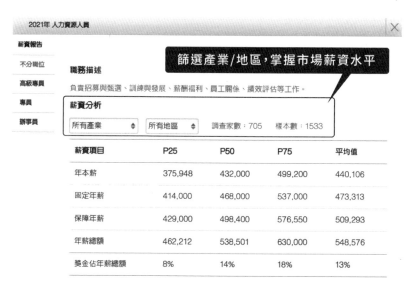

薪資福利調查線上報告

104 薪資情報

　　除了 104 薪資福利調查，104 人力銀行還提供了薪資情報，收集求職者履歷中的薪資大數據，提出整體就業市場的比較。兩者的主要差異是，「104 薪資福利調查」是由企業端提供相關的資料，「104 薪資情報」則是將求職者數百萬份的履歷表裡，有關薪資資料的，加以彙整起來，提供給求職者與 HR 參考。從軟體設計工程師的薪資情報報表中可以看到經歷、地區、產業、學歷，相關的待遇，涵括了薪資中位數與月薪範圍 P25 ～ P75。

104 軟體設計工程師的薪資情報報表

　　當然，很多薪資資訊也是從面試或是求職者那裡獲得的（包含 PTT Salary 板），記得多詢問、多記錄，多比較，自然就會很了解整個市場的薪資行情，讓自己公司的薪資更有競爭力，求才無往不利，事半功倍。

3-6

員工滿意度調查

隨著市場競爭越來越激烈，今天若想要知道客戶對於產品及服務是否滿意、客戶的想法為何時，我們會用「客戶滿意度調查」來了解，也以這個調查做為改善產品與服務的依據。近年來，理念由「客戶第一」轉變成「員工第一」的公司越來越多，很多本來圍繞著客戶的活動，如今都變成圍繞著員工展開；若想要知道員工的想法，對於公司各方面是否滿意，像是薪資福利、工作、環境等面向，我們會用「員工滿意度調查」來了解，對於有待改善的事項長期追蹤與持續修正，並確認相關議題是否真的獲得改善，以進一步提高員工的滿意度與忠誠度。

了解員工需求的方法

隨著不同世代與背景的員工加入企業，為使員工專心投入職場，全球企業紛紛推動多元與包容（Diversity & Inclusion，簡稱 D&I）的相關措施，而推動 D&I 的首要工作，就是要了解不同背景員工的需求。探尋員工的需求，可以從員工的基本

資料（如年齡、年資與家庭狀況）、健康檢查報告（應該關注的健康議題）、員工需求調查（如員工溝通平台或意見箱）、員工滿意度或組織氣候調查、職能評鑑（了解員工發展的方向）等來了解，或直接與員工進行訪談，在掌握員工真正的需求後，人資部門才能制定符合員工價值主張與員工體驗的管理政策與措施。

「員工滿意度調查」是一種企業健診

人有不同的器官，各自具備不同的功能，我們之所以要做健康檢查，便是藉由定期檢查身體狀況，防範器官功能不健全。一家企業其實就像一個人的身體，有不同的部門各司其職，因此企業也應該定期做健檢。「員工滿意度調查」就是企業健檢的方式之一，很多企業都知道「員工是企業最重要的資產」，員工如果不滿意，公司口碑不好，網路風評差，新人報到率低，員工離職率高，企業就會越來越找不到好人才，最終很可能被市場淘汰，所以，透過定期員工滿意度調查檢視企業的各項指標，是非常重要的一件工作。企業要實施員工滿意度調查，有三點非常重要的原則：

一、使用可信任的服務

有些員工剛開始填寫滿意度調查時，總會擔心「能不能說

真話」、「會不會被公司秋後算帳」。如果員工有疑慮，不說真話，那調查出來的結果就會不夠確實；用有問題的調查結果來當依據，因而做出錯誤的決策，會是很危險的事。為了取得員工的信任，大部分的企業都會使用外面第三方的員工滿意度調查服務，得出的結果也更能反映真實的管理問題。

二、定期調查

像是人體的健康檢查一樣，每年定期執行是很重要的。去年健檢的紅字，醫生建議要注意飲食與規律運動，今年指標是不是有改善了呢？必須每年追蹤，才不會由紅字變成更差的數值，對健康造成傷害。員工滿意度調查也是如此，考量員工施測的頻率與管理措施改善成效的評估，建議一年施測一次。定期執行還有另外一個好處，可以長期追蹤數值、掌握後續改善的效果，如果效果不好，再採取不同的改善方案。

三、持續改善的承諾

實施員工滿意度調查最重要的關鍵，是高層願意持續解決員工的問題。如果員工做了調查、反映了管理的問題，公司卻不做出適當的回應，那一次、兩次之後，員工知道公司只是做表面功夫，「員工滿意度調查」就會淪為形式。建議完成調查之後，向員工說明這次的調查結果，宣布其中有哪幾個事項公司會改善，公開透明讓員工知道；如此一來，員工才會相信公

司是認真、有誠意的，對公司也會更有信心與向心力。

104 員工滿意度調查（免費）

　　104 人資學院提供除了招募之外的選才、育才、留才整合性解決方案，包括「e 化人資系統」、「人才評鑑工具」、「職能發展課程」等服務，自從 104 人資學院 推出「104 員工滿意度調查」以來，已服務超過 800 家企業，累積四大產業數據，根據主管、薪酬、同事、工作、發展、企業文化與員工敬業度等構面、28 中向度設計問卷，「104 員工滿意度調查」主要有幾個優勢：

一、調查效率高

　　如果是 HR 自己做員工滿意度調查，或是找第三方服務，整個流程的時間動輒三個月以上；如果還要自己收集、統計，HR 就會花更多時間。「104 員工滿意度調查」採用 e 化作業，可以大幅減少 30～50％的調查時間，使用時間更少，更快解決問題，員工更有感。

二、管理涵蓋層面廣泛

　　透過人資管理專家的設計，問卷涵蓋企業文化、員工發展、工作、同事、薪酬與主管等，也提供員工整體滿意度與敬業度

的分析報告，每項構面又分成數項子構面，透過問題進行細部的探尋與分析。如果企業每年想針對不同管理議題深入探索與研究，104 人資學院也提供客製化調整、增修題目和更深層管理洞察的服務。

104 員工滿意度系統提供 6 大構面加上敬業度，可彈性自訂調查題目

三、產業數據豐富

不同的產業主構面或中向度的平均分數本來就不同，如果不是有累積多個產業的問卷調查數據，HR 很難知道，自己公司做完的這個分數到底是好還是不好，也沒辦法和同業比較；反之，「104 員工滿意度調查」累積數萬筆樣本，HR 可以很輕易得到同產業的 PR 值，知道自己公司的不同構面和整個產業的比較。

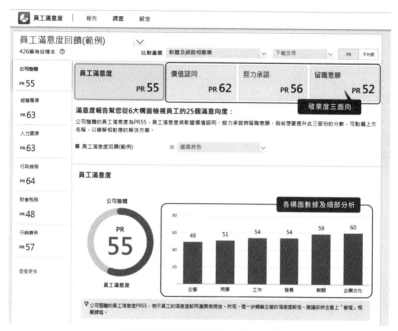

「104 員工滿意度調查」報告範例

四、專業改善建議

進行員工滿意度調查的另一個困難是，公司資源都是有限的，沒辦法一次改善很多項目，向上級主管報告時，主管總會希望 HR 能告訴他，做哪些事情花費資源最少、成效最大，或是可以最快看到成效。這時候，「104 員工滿意度調查」就會根據優勢、安全、危險、盲點，給出專業的改善建議，HR 清楚了優先順序，能讓員工滿意度調查效益更佳。

「104員工滿意度調查」與產業比較的專業改善建議

五、深度敬業度分析

　　「敬業度報告」會分成：價值承諾、努力承諾及留職承諾，並提供加強宣傳、優先改善、繼續保持和行有餘力等建議項目。HR可以很清楚從中看到內部能夠加強宣傳的項目，讓員工更有信心，再制定優先改善的項目，解決員工管理的問題。

「104 員工滿意度調查」針對敬業度 3 面向深度剖析分析

六、完整解決方案

在解決管理問題時，會需要依賴經驗豐富的資深顧問。「104 員工滿意度調查」報告的各類面向，都運用了多位資深顧問的管理經驗，提供各構面解決方案，包含系統、課程及顧問服務……等。

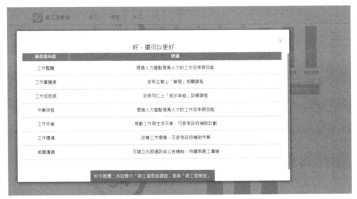

「104 員工滿意度調查」提供完整解決方案建議

3-7

公司的求職者定位

在資訊爆炸的今天，根據《數位時代》「MarTech 行銷科技高峰會」的報導，我們每天可以接觸到 3500 個品牌，也就是平均每分鐘會看到 2.4 個。然而，根據哈佛大學心理學博士喬治·米勒（George Miller）的研究，人們關注的對象不會超過 7 個，大部分人都只關注第一與第二個，求職者當然也如此。公司這麼多，人才競爭激烈，怎麼占據求職者的心？這是 HR 應該要好好思考的議題。

> 將你所要推銷的產品、服務在消費者的心裡占有一席之地。
>
> ——博多·舍費爾（Bodo Schäfer）著《定位》
>
> （*Praxis-Handbuch Positionierung*）

上面的句子，你可以改編成：將你的公司在求職者的心裡占有一席之地。HR 要推銷的是自己的公司，如果當成一種產品，如何增加求職者的心占率？怎麼讓相關的人才一想要找工作，自己的公司就會是人才會想到的前三名之一？簡單說，

「定位」就是「取捨」，重點是怎麼捨棄不適合的定位、怎麼選擇適合的定位。定位不是創造新的元素，而是去操控心智已經存在的元素，想辦法讓自己的企業和這些已經存在的元素產生關聯。下面的內容，討論的就是 HR 該如何定位自己公司與定位後的作法。

如何定位自己的公司？

　　1. 了解求職者的需求：根據年齡、職類，不同的求職者會有不同的需求，如果是年輕的門市店員，他們最在意的點有哪些？主管們是不是懂他們的心？組織氣氛是不是活潑？公司對年輕的新人是不是夠友善？辦公環境是不是夠潮？如果是工程師，他們最在意的又是什麼？工作生活平衡？培育制度完善？可以學習最新的技術？ HR 必須了解自己的求職者是什麼樣的族群，可以詢問公司員工、面試求職者最在意哪些方面，當作之後選擇定位的參考。

　　2. 分析競爭對手：每一位 HR，都會遇到已經發 offer 了，但最後人才選擇其他公司的狀況，建議後續誠懇地詢問人才選擇其他公司的原因，累積久了，就可以知道競爭對手的優勢。另外一種方法就是透過面試競爭對手員工，也可以了解競爭對手好與不好的地方，然後仔細思考：對手好的地方我們可不可以補足？不好的地方我們有沒有可能贏過他們？此外，也可以

加入產業的 HR 社團，藉由社團來多了解相關資訊。

3. **了解自己的優勢**：有時候我們在公司待久了，會忘記自己的優勢是什麼，或是誤以為其他公司也和我們一樣。建議 HR 詢問同事：為什麼選擇留下來？覺得公司吸引自己的點是什麼？另外，競爭對手的優勢，有時候也可能是他們的劣勢，比如：該公司很重視選才，面試嚴謹（面試流程冗長），公司規模很大、人數很多（分工很細，工作影響力小），年薪很高（但可能工時長，常需要加班或輪班，算算時薪其實差不多）……。對方大，我們可不可以小？對方穩重，我們可不可以靈活？對方慢，我們可不可以快？速度，有時候可以是我們最大的優勢。

4. **單點突破**：綜合上面的所有資訊，我們已經了解求職者的需求，也知道自己公司與競爭對手各自的優勢，接下來必須、也只能選擇一個單點，讓求職者更好記憶。單點連結求職者的需求和建立自己的獨特賣點，避開競爭對手的優勢，可能是：薪資吸引人、面試流程與決策快速、彈性工時、優質福利、年假超多、工作生活平衡、社團豐富、女性友善、員工貸款補助、員工健康促進、遠距工作、訓練完整、高齡友善職場等。任何一個獨特賣點，都可以考慮連結到自己的公司優勢。

5. **真實**：在 PTT、FB 或 IG 社群上，現在的資訊都是很透明的，如果你選擇的定位員工不認同，或是不真實、不符合現況，反而會是扣分的行為。很多公司的負面新聞，來源都是員

工不認同公司的作法、透過社群或媒體表達出來，導致更多求職者更不信任公司的定位，對於往後的招募影響很大，不可不慎。

定位了……然後呢？

1. 內部整合：既然選擇了一個單點，就必須透過內部整合，把資源逐漸轉移到這個單點，讓它更具有優勢，並想辦法發展到極致，累積成別人沒辦法模仿的核心競爭力，求職者才會馬上就想到你。矽谷的眾多公司裡，在免費午餐、健身房都成為標配的情況下，怎麼樣才能有特別的定位？ Netflix 的作法是支付最高薪資，讓求職者印象深刻。公司確認好定位後，必須先在內部宣傳，讓所有的員工都認同這件事情。

2. 外部宣傳：從公關對外的新聞稿、高階主管接受的採訪、FB 的雇主品牌宣傳、人力銀行的公司介紹、招募文宣或影片、校園徵才等，都必須圍繞公司的定位而展開，建議可以在轉職季、畢業季、徵才活動時強力宣傳，讓求職者對這個定位印象更深刻，增加心占率。

3. 先搶先贏：公司定位另一個很重要的點，就是第一個進入求職者的心智。如果公司和某些學校關係不錯，像是建教合作或提供企業實習，建議 HR 可以先去這些學校對相關科系學生宣傳，建立獎學金計畫或參與相關課程都是很不錯的方式。

此外，不妨鼓勵員工擔當公司定位的宣傳大使，回母校參加講座或職涯分享，幫助公司早一步建立潛在求職者心中的良好印象。

3-8

網路輿情收集

　　隨著多年以來行動網路與智慧型手機的普及，透過手機來收集和分享資訊也越來越容易了，不論是拍照、錄影或錄音，常有員工因為不滿公司的作法，而到網路上散播對公司不利的消息，還附有圖像或影音，這類新聞屢見不鮮。輿情沒辦法預先防範，企業總是最後一個知道的，等到媒體報導了才發現公司裡有這樣那樣的問題，忙著開會討論對策，但常常因為消息已經擴散了，面對鄉民的攻擊與批評，最後只能道歉，影響到公司的業績、商譽、形象與雇主品牌，除了品牌被抵制之外，求職者也因為看到不好的消息，拒絕面試邀請，或是面試時失約，讓 HR 招募事倍功半。

　　「哎……如果我們能事先知道就好了……」這是所有企業主的心聲。

　　但事先知道談何容易？ 2021 年 FB 的每日活躍用戶數已達 30 億人，YouTube 每天上傳超過 72 萬小時的影片，Instagram 每天有超過 1 億張照片和影片上傳，面對這麼龐大的資訊，已經沒辦法用人工來監控了，所以現在有一些廠商運用大數據與

語意分析的方式來收集資訊，幫助公司與品牌掌握網路輿情。

為什麼要做輿情分析？

從人資的角度來看，有些人資會抱怨人才越來越難找，但不知道真正的原因可能是公司的負面資訊一直在網路上流傳，比如：求職天眼通、面試趣、爆料公社、PTT、Dcard 等。正因為不知道自己公司的問題出在哪裡，所以沒辦法從招募或人資問題中去改善，讓公司更有競爭力。

從求職者的角度來看，大多數人會傾向信任網路上陌生人對於公司的評價，寧可信其有。根據調查，高達 80％ 求職者會在求職時搜尋、了解公司評價，如果有不好的評價，當然就會影響求職者的面試意願。而優秀人才通常都會有好幾個面試機會，更幾乎都會先上網搜尋做功課，收集相關資訊，如果你的公司有不利的資訊，可能就不會浪費時間去讓你面試了。

輿情分析的應用

1. **求職者同業比較**：貴公司的劣勢，可能是薪資比同業低、面試流程不友善、面試官態度不佳、福利沒有優勢等，如果能收集更多資訊，讓高層主管知道問題，才有辦法對症下藥、改善劣勢，提升企業雇主品牌，增強招募效果；另外就是

即時了解同業的徵才狀況，適時採取行動，優化人才策略。

2. **了解求職者分布**：人資部門必須查明，對該職缺有興趣的求職者都會在哪些頻道上討論，從而知道公司的徵才訊息、行銷活動擴散的效果，迅速掌握該行業別職缺的聲量概況，未來求才可以考慮在求職者分布較多的頻道露出。

3. **求職市場調查**：大數據可以收集相關的訊息，包括同業人氣排行榜、求職熱詞、求職熱門話題、求職者期待、求職者正面負面評價等，讓人資更了解求職市場，納入未來年度策略的參考。

4. **第一時間處理危機**：輿情分析能讓公司在危機一開始發生在社群上時就知道，透過簡訊或是 LINE 的訊息通知相關同仁，同時開始監測聲量是否在短時間升高，情緒是正面還是負面的，是不是需要馬上處理。

5. **其他應用**：很多大公司都已開始在自家的品牌上運用輿情監測，藉以獲知消費者對自家商品有什麼正面與負面評價，是否需要順水推舟或快速滅火。在大企業裡，輿情分析可能是集團公關部門的任務，也由公關部門統一整理、發送給不同的部門。

目前台灣有一些公司在做輿情分析，比如意藍、我樂活、藍星球、InfoMiner、KEYPO 等，不過，這也只對網路聲量較多的公司與產業較有幫助，畢竟網路聲量較少的話，能分析的資訊也會很有限。輿情分析有時候像是買保險，危機沒

發生時，沒有特別的感覺，等到危機發生時，透過輿情分析即時處理，減少公司面對危機可能的損失，就能感受到極大的價值。

第 4 章

怎麼做雇主品牌之二：由內而外建立價值主張與傳播

「客戶價值主張」是企業給客戶的潛在價值承諾：自己的商品對客戶來說有何價值與意義？客戶對企業的需求是什麼？企業解決了客戶的什麼問題？

「員工價值主張」則是企業給員工的價值承諾：工作的價值和意義在哪裡？工作會不會讓員工很驕傲、樂於與家人朋友分享？企業提供員工的價值是什麼？

4-1

建立員工價值主張（EVP）與內部共識

　　明白了如何由外而內收集資訊來做雇主品牌之後，我們要開始探討如何從內而外建立價值主張與傳播。一開始要討論的，就是員工價值主張（Employee Value Proposition, EVP）。

員工價值主張源自客戶價值主張

　　員工價值主張不是新的概念，而是來自業務行銷的客戶價值主張（Customer Value Proposition, CVP）。1980 年代，雷伊・寇杜普列斯基（Ray Kordupleski）提出了整體客戶價值管理的概念，和雇主品牌的很多方法一樣，只是把「客戶」改成「員工」，像是：客戶滿意度調查→員工滿意度調查，客戶旅程地圖→員工旅程地圖，客戶價值主張→員工價值主張⋯⋯。不過，首先我們也應該先說明一下，企業為什麼要有客戶價值主張。

　　「客戶價值主張」是企業給客戶的潛在價值承諾，也就是說，企業必須知道：自己的商品對客戶來說有何價值與意義？

客戶的需求是什麼？企業解決了客戶的什麼問題？

對應到員工的話，「員工價值主張」就是企業給員工的價值承諾，定義了員工所體現的價值觀和文化以及他們獲得的實際利益，當然對吸引和留住人才至關重要！對於員工來說，工作的價值和意義在哪裡？工作會不會讓他們很驕傲、樂於與家人朋友分享？企業提供員工的價值是什麼？在公司能不能發揮所長？如果用「馬斯洛需求層次理論」來看，企業能不能滿足員工的經濟需求（薪資福利）、安全需求（工作保障、工作環境、工作地點）、社會需求（企業社會責任、ESG、社團）、尊重需求（公司文化、多元包容）、自我實現需求（升遷機會、學習成長、工作挑戰性、自主性）？

另一方面來說，「員工價值主張」可以說是兩個部分的交集，一、員工必須為雇主提供的價值（技能、經驗、個性、智力等），二、雇主必須提供員工的價值（福利、成長機會、認可、工作文化等）。

擁有「員工價值主張」的好處

當然你可能會問，員工價值主張可以為企業做什麼？根據高德納（Gartner）顧問公司的研究，有效履行其 EVP 的企業可以將每年的員工流失率降低 69％，並將新進員工敬業度提高 29％，下面是擁有「員工價值主張」的好處：

- 可以為企業吸引頂尖且適合的人才。
- 說明為什麼人才應該為企業工作。
- 幫助求職者發現他們是否適合這份工作。
- 降低員工流失率。

創建「員工價值主張」的四個步驟

一、爭取高層主管的支持

如同雇主品牌，創建「員工價值主張」時，高層的支持會是成功的關鍵因素之一，建議可以舉辦內部的討論會或工作坊，讓大家來一起集思廣益，避免只有自己在發想員工價值主張，而其他同事都沒有參與，就不容易有共識。

二、訪談員工

你必須調查的「員工」，包括了：高階主管、關鍵主管與人才、新進員工、潛在員工，由焦點小組收集回饋。行有餘力的話，還可以將過去的員工也包括在員工調查中，並了解企業可以做些什麼來幫助他們留下。在員工調查中，可以對員工提出以下問題：為什麼喜歡在這裡工作？促使他在工作中投入更多精力的是什麼？想看到公司做什麼改進？我們公司對社會的貢獻或意義有哪些？公司提供了什麼樣的支持來幫助他實現職涯發展目標？不同族群給出的答案一定不一樣，整合這些意

見，可以產出更好的「員工價值主張」。

三、選擇獨特優勢

在之前的章節中，我們已說明了雇主品牌評量清單 JOBS 四大面向，裡面有很多影響雇主品牌的元素。另外，從員工滿意度調查、公司的求職者定位、輿情分析等，都可以讓 HR 更了解企業獨特的優勢，HR 思考 EVP 時，請務必與自身產業、公司文化、使命、遠景有相關，但要與競業有所區隔。

四、寫下 EVP ＝打動人心的一句話

當收集好相關員工的回饋，也了解自己的獨特優勢後，就可以準備寫下 EVP 了。EVP 必須要讓現有員工、潛在員工都有感，EVP 必須簡單、容易理解與記憶、朗朗上口，EVP 必須是真實的，EVP 最好是有創意的；更好的明天、實現夢想、改變世界、世界第一、社會責任、永續發展等，都是很多企業已使用過的文字，雖然吸引人，但人云亦云可能無法展現差異，可以多參考一些廣告的 Slogan，大家集思廣益，公司內部舉辦 EVP 金句競賽，最後由大家投票表決，或由高階主管決定 EVP。

員工價值主張最佳範例

最後，提供一些國外知名企業的 EVP 給大家參考：

Join us. Be you. 加入我們，成就你自己。

—— Apple

What impact will you make? 你將如何成就不凡？

—— Deloitte

To care for people so they can be their best. 關心人們，讓他們成為最好的人。

—— Hyatt

We believe in what people make possible; Our mission is to empower every person and every organization on the planet to achieve more. 以賦能為使命。我們的使命是予力全球每一人、每一組織，成就不凡。

—— Microsoft

Freedom to go beyond. That's the beauty of L'Oréal. 自由的去超越，這就是歐萊雅的美。

——L'Oreal

4-2 雇主品牌傳播管道

　　既然我們已經完成了員工價值主張 EVP，接下來就是要透過不同的管道向外傳播（如果沒有傳播的話，是不會有人知道的）。傳播分成內部和外部，接下來說明細節。

EVP 內部傳播

　　內部傳播有以下多種途徑：公司內部網路（Intranet）、教育訓練、EDM、案例分享、獎勵、內部公告、說明會、會議、主管溝通、績效考核等。

　　首先，雇主品牌需要先在公司內部傳播，畢竟「員工價值主張」經過認同後，就要讓員工牢記在心，不能只是一個口號，而必須是一連串的行動。全面性的員工溝通是雇主與員工建立信任的關鍵因素，與員工溝通的方式會直接影響你提供的員工體驗，進而影響員工價值主張。當 EVP 完成後，就要在公司內部網路公開宣布，同時規劃相關的教育訓練、EDM、案例分享，重要的是 EVP 必須連結到員工的日常工作上，讓所有人

都明白做哪些事符合 EVP，哪些事不符合，提供實際的案例分享，員工就更容易了解。

另外，獎勵員工也是一個好的宣傳方式。公開獎勵做對的事情的員工，讓其他員工知道公司鼓勵員工去做哪些事情；獎勵可以是財務的或非財務的，財務的獎勵有獎金、紅利等，非財務的獎勵有口頭讚美、公開表揚、晉升、特製的小獎品等，除此之外，還可以透過內部公告、公司舉辦的說明會、相關會議，還有主管與員工的一對一面談、績效考核，都可以把雇主品牌與 EVP 的精神與內涵規劃進去。

EVP 外部傳播

外部傳播又分為官方管道、人力銀行、社群網站、網路廣告、影音網站、網路論壇、實體招募會、口碑宣傳等，細節如下：

- 官方管道：公司官網、公關稿、新聞發布、面試培訓流程等
- 人力銀行：104、1111、518、yes123 等
- 社群網站：LinkedIn、Facebook、Instagram、LINE、Twitter、微信等
- 網路廣告：關鍵字廣告、社群廣告、聯播網廣告、影音廣告等

- 影音網站：YouTube、TikTok 等
- 網路論壇：Dcard、PTT、一些專業論壇等
- 實體招募會：許多企業每年都有 5 ～ 10 場校徵，或自己辦一兩場大型的招募會
- 口碑宣傳：讓員工成為雇主品牌大使、優化面試體驗與員工體驗

官方管道

　　大部分的求職者，都會上心儀公司的官方招募網站去了解工作機會。公司官網能更有彈性的擺放影音內容，包含公司的文化、雇主品牌、願景、使命，高管的話，業務項目與發展、招募流程、員工現身說法、薪資福利、教育訓練、職涯升遷管道等。除此之外，公司會有招募的公關稿、新聞發布，預計今年招募多少人，可以把雇主品牌的宣傳加入公關稿裡，讓有興趣的求職者看到相關訊息。

　　面試或培訓流程也是一個良好的宣傳管道，透過面試或培訓過程，可以吸引志同道合的人才，以 Zappos 為例，新員工在培訓後離職的話，會得到 4,000 美元離職獎金，既可以淘汰不適合的新員工，也是一個很好的對外宣傳話題。

人力銀行

　　人力銀行是最多求職者聚集的地方，在公司介紹、福利欄

位、工作內容的地方，就很適合宣傳自己公司的雇主品牌與
EVP。

一般來說，我們都很重視第一印象，人力銀行正是求職者
對各公司在網路上得到第一印象的地方，但很可惜的，我們發
現很多公司的 HR 不在意這部分，使用千篇一律沒有吸引力的
文字，白白浪費吸引人才的機會。建議 HR 認真撰寫公司介紹、
福利欄位、工作內容，如果還能加上精心編排的圖片，一定會
增加人力銀行的主應數，吸引到優秀的人才。

104 的公司頁上，近期新增了企業社會責任專區，讓有經
營 CSR 的企業能夠完美呈現自己公司的強項，讓更多的求職
者知道，提高人才的好感度。

最後要補充的是，有獲得產業評鑑獎項或最佳雇主品牌的
企業，都會把獎項放在官方網站上，藉由這些獎項吸引人才，
增加求職者的信心。

社群網站

如果說官方網站、人力銀行是較有官方色彩的管道，社群
就是較非官方的宣傳管道。根據社群網站的屬性，增加小編人
性化的角色，不同的社群網站有不同的屬性，像是 LinkedIn 就
是比較專業、正式的社群，讓公司顯示專業的一面，包含公
司的產業新聞、工作機會等；Facebook 比較活潑輕鬆，在粉
絲團裡分享比較軟性的、日常的內容；Instagram 就是比較偏

年輕的社群，如果公司很多職缺需要吸引應屆畢業生，經營 Instagram 就是很必要的，但要注意，Instagram 主要是以精美圖片的宣傳為主，所以製作吸睛的宣傳圖片非常重要。其他像是 LINE、Twitter、微信等，就看公司有沒有足夠的資源，或是海外與跨國公司的需求，跨國公司可以考慮經營 Twitter，大陸公司需要經營微信。

網路廣告

有招募行銷預算的公司，就很適合做網路廣告。很多規模比較大的公司，現在都編列了招募人才的網路廣告預算，因為他們知道，在訊息爆炸的這個時代，如果不做招募廣告，很多求職者可能就不知道該企業的招募訊息，或是被其他有做招募廣告的公司吸引。以金融業為例，每年的 MA 招募 HR 都有編列相關的預算，大部分也會和 104 整合招募團隊合作，在 104 製作客製化的招募網頁加入雇主品牌的訊息，投放網站與 APP 的廣告版位，達到最好的招募效果。

除了人力銀行的網路廣告之外，一些企業還會投放社群媒體的網路廣告，像是 LinkedIn、Facebook、Instagram、LINE。可以多加利用的，還有關鍵字廣告、社群廣告、聯播網廣告、影音廣告等，不妨找公司的數位行銷夥伴協助，或是請專業的數位廣告公司規劃，讓更多潛在求職者知道公司的招募訊息，獲得最大的曝光與主動應徵。

影音網站

由於影音比文字與圖片更有吸引力，招募短片或雇主品牌影片已成現在流行的傳播方式主流；有些企業還會找一些網紅或是 YouTuber 合作，因為這些網紅有影響力、粉絲數、觀看數、互動數等，對於增加公司的知名度與活動的宣傳度都有加分的效果。有些企業則會舉辦短片徵選活動，巧妙地運用獎金，吸引學生或企業人士來報名參加競賽，進而獲得大量的影片與創意，也是一個很好的方式。傳播的管道主要是透過 YouTube、TikTok 或 Facebook、Instagram 播放影音廣告。

網路論壇

很多學生都會上 Dcard 或 PTT 討論找工作、職涯相關的問題；已有工作的，也會把自己的薪資福利、面試題目、工作心得、職場甘苦談等，放在 PTT 上的 Salary 板上分享。如果有機會在這些論壇上宣傳雇主品牌，對自己公司就會有加分的作用。有些主題都有機會自己或請同事置入，但切記不能寫出與事實不符的內容，網路上很多資訊打關鍵字即可查到，如果放上不真實的內容，隨時有可能會被踢爆，請務必小心謹慎。

實體招募會

招募量大的企業，一年往往至少有 5 ～ 10 場校徵，像是

台大、中山、成大、台科、陽明交大、清大、北科、中央等，都是很多企業舉辦校園徵才說明會的學校。學生關心的話題其實都不會差太多，不外薪資福利、訓練、職涯、未來發展、面試流程、時間、學長姐分享、公司地點、文化等等；因此，在實體招募會宣傳雇主品牌是最合適不過了，除了校徵，有公司會自行舉辦幾場大型的招募會，也是很好的對外宣傳管道。

口碑宣傳

最後一個對外管道是口碑宣傳，也就是請員工擔任雇主品牌大使；如果做得夠好，影響力是很大的。萬一員工都不願意幫忙宣傳，或是找不到適合擔任雇主品牌大使的員工，那麼公司內部就要先檢討一下自己。

你可以先上網搜尋關於自己公司的網路輿情，調查員工離職的真實原因（當下可能沒辦法知道，但如果過幾個月再真心誠意請教，應該會得到一些真實性很高的回答）。另外，請外面的機構做員工滿意度調查或敬業度調查，就可以得知公司能優化、改善的重點，認真檢討、修正，提高員工滿意度、敬業度，就有機會找到願意幫忙做口碑行銷的員工。和網路論壇相同，要請員工務必提供真實的口碑，才經得起時間的檢驗。

4-3 以「員工入職體驗」幫助員工留任

　　「員工入職」（Employee Onboarding）的概念，是 1970 年代初期在美國開始形成的，主要目的是為新員工的到來做規劃和準備，除了給新員工良好的第一印象，也幫助新員工快速適應職務、融入團隊與提高生產力，「入職」的時間，一般大約持續六個月到一年左右。

上班的第一天

　　招募其實有點像是約會。試想一下，今天你好不容易找到一個不錯的人才（遇見不錯的對象），約他來面試幾次（和對象約會），他願意到貴公司工作也簽了聘僱契約書（願意和你交往）。然後呢？直到他來上班的那一天，就再也沒有然後了——這正是一般公司招募人才的流程。如果工作是一種關係，是一種承諾，其實有很多事可以做得更好。

　　25 歲的 Katy 去應徵某上市公司業務助理的職位，面試了三次之後，終於獲得這個工作，心裡覺得很高興，也迫不及待

要到新公司上班。不過，因為離正式上班還有三個星期，她覺得應該陪家人去走走，和朋友安排一些活動等等。過了一、兩個星期，獲得新工作的喜悅有點變淡了，反而開始擔心自己能不能適應新環境，卻也不知道要準備什麼，心想：「如果有人跟我說說就好了。」

第一天上班，Katy 來到公司，櫃台請同事來帶位，這才發現自己的位子空盪盪的，電腦還沒準備好，同事也都各忙各的；好不容易主管來了，簡單講幾句話就又跑去開會。Katy 不知道要幹嘛，只能滑手機殺時間；因為開完會主管要去拜訪客戶，便過來簡單交代一下工作，臨時請同事幫忙介紹環境，同事因為自己有事要忙，介紹一下就離開了。Katy 不禁心想，「這家公司的主管、同事都好忙喔！我真的要來這裡上班嗎？」

到了午餐時間，Katy 不知道公司附近有什麼餐廳，只能 Google 一下，然後自己去吃午餐；新的環境讓她不大能適應，有點懷念以前上班時，中午和同事一起吃飯聊天的光景。下午部門有一些會議，主管建議 Katy 一起參加，但參加了後挫折感更深了，因為有很多縮寫她都不知道是什麼意思，也不太清楚同事或主管在說什麼，只能把自己不懂的東西都記下來，往後再找時間請教同事。

第一天「工作」下來，Katy 開始懷疑：「我真的適合這份工作嗎？」原本興致高昂的工作情緒，彷彿被當頭澆了一盆冷水。可以想像，如果往後的幾天或幾週都是這種情況，Katy 可

能沒辦法適應新的工作環境。

為了避免發生上述情況，我們需要「員工入職清單」。

幫助新人上手，發揮即戰力

入職清單的目的，是規劃和準備新員工的到來，有助於部門進行入職引導，用最快的速度幫助新員工上手，發揮即戰力。員工入職是一個長期的過程，從新員工到來開始並持續至少六個月到一年的時間，由相關部門在不同的時間點負責實施每一項任務；同時也有助於 HR 與部門主管，為新員工的到來做好準備。以下，就是提供 HR 參考的員工入職清單：

入職前一月

1. 提供錄取通知書。

2. 發送聘僱合約。

3. 提供入職日期的詳細資訊（工作地點的時間和地址）。

4. 訂購員工需要的設備與用品（例如電腦、辦公桌、電話、文具、名片等）。

入職前一週

1. 發送歡迎信和員工手冊（包括他們的到達時間、地址和地圖、停車／公共交通、穿著要求 Dress Code 和第一天

的計畫）。

2. 在你的人力資源系統中輸入員工記錄，包含：姓名、地址、聯繫方式、職位、開始日期、薪酬等。

3. 設置員工的辦公空間。

4. 為員工創建電子郵件地址。

5. 安排電腦及軟件系統。

6. 選擇並通知入職夥伴歡迎新員工（直屬部門經理也可以擔任此角色）。

7. 為員工的第一週制定計畫──安排他們與關鍵人員或部門共度迎新時光。

8. 設定試用期、績效審核日期和提醒。

入職第一天

1. 迎接新員工，發送新進員工公告消息，介紹新員工並表示歡迎。

2. 帶新員工去他們的辦公區，確保工作一切所需（名片、辦公用品）。

3. 提供新員工需要的工具與設備，並解釋與這些設備相關的政策（門禁卡、電腦、電話等）。

4. 向員工介紹他們的同事。

5. 帶員工參觀辦公室（包含洗手間、印表機、停車場、茶水間、辦公用品、信件收發、緊急出口等）。

6. 說明工作職責和期望，告知如何在工作上成功完成任務。

7. 確保新員工可以使用公司內網、Email、系統（CRM、內部溝通、項目管理、特定工作的系統）。

8. 收集員工個人相關資料（例如離職證明、銀行帳戶、基本資料、照片等）。

9. 和員工討論第一週與之後的訓練計畫。

10.說明薪資發放時間和其他福利（保險、獎金與其他福利）。

入職第一週

1. 讓新員工與主管、團隊共進午餐，團隊成員藉此機會介紹自己與工作。

2. 提供員工手冊與相關的公司政策（如行為準則、安全政策等）。

3. 介紹員工價值主張 EVP。

4. 讓新員工參加公司內部的員工教育訓練。

5. 向新員工簡介部門組織架構與功能。

6. 將員工介紹給高階主管。

7. 說明公司的重點專案。

8. 為新員工分配第一個目標或專案。

9. 確保新員工了解即將到來的行事曆、社交活動等。

10.第一週每天都要與員工確認，他們的行事曆、員工教
育訓練、同事會議有沒有順利展開。

11. 每週主管與新員工進行一對一會議。

入職第一月

1. 審查新員工的目標或專案的進展。

2. 確認員工薪資發放是否正常。

3. 進行非正式的績效評估。

4. 提供更多公司概況，包括：使命和願景、公司價值觀、
關鍵里程碑、公司目標等。

5 討論新員工工作如何融入部門與組織，檢視工作職責、
期望與關鍵績效指標（KPI）。

6. 討論並設定下一個專案和目標。

7. 邀請員工連接公司社群帳戶。

8. 讓員工參加公司教育訓練。

入職第一季、第二季

1. 進行試用期績效評估。

2. 設定新的專案和目標。

3. 探討職涯發展計畫。

4. 收集員工對入職流程的反饋。

這段時間裡，可以請用人主管和新員工聊聊他的想法，以

下是問題集：

1. 你對新工作的感覺如何？

2. 是否擁有工作所需的工具和資源？

3. 工作、部門、公司是否符合預期？

4. 在這份工作裡最喜歡（最不喜歡）的部分是什麼？

5. 工作上有什麼事讓你覺得意外的嗎？

6. 新員工入職培訓對你有所幫助嗎？有需要增減什麼部分嗎？

7. 有哪些事是我們沒有提供給新員工的？

8. 你對工作、團隊或公司是否還有不清楚的地方？

9. 目前工作上有遇到什麼困難嗎？

10. 你很了解你的同事嗎？

11. 會想要推薦公司工作給朋友嗎？原因？

員工入職讓員工成為雇主品牌形象大使

入職的重要性在現在大大提高，因為工作平均在職不到四年並且終身僱用已經過時。

——里德・霍夫曼（Reid Hoffman，LinkedIn 聯合創辦人）

表面上，員工入職是幫助員工，創造令人難忘的員工體驗，但實際上最終獲得好處的還是公司。公司可以準確的提供企業

介紹與部門資訊，使員工了解公司，明白公司的文化與做事
方法，讓新人快速適應工作職位，還可以收集員工對公司的意
見，減緩新員工的緊張情緒，讓他們得到歸屬感，快速投入工
作，提高工作生產力，降低離職率。

當一位愉快而敬業的員工對入職體驗感到驚喜，自然而然
會成為雇主品牌形象大使。敬業的員工不僅是忠實擁護者，還
是傳播者，會在社群媒體上分享，讓很多人看到公司優良的入
職體驗；這意味著，我們會因此吸引更多優秀的人才，大大降
低招募成本。

用新科技讓員工入職更順利

近年來，越來越多企業在員工入職上使用了新科技，更符
合數位時代的需求；簡單說就是：體驗更好、效率更高、跨裝
置使用、數字驅動與即時反饋。

運用這類新科技，HR 在設定員工入職流程後，線上就會
流程自動化，比如：何時要告知用人主管要做什麼事？ IT 和
總務又要在什麼時間準備電腦、文具名片等？只要新員工簽回
聘僱契約書，整個系統就開始自動化進行，極大程度提升跨部
門溝通的效率——有些 HR Tech 服務統計，已經證明可以節省
30% HR 的時間。

HR 每天都可以透過儀表板（Dashboard）了解現在員工入

職的情況，並提醒用人主管、IT、相關部門按時回覆，因此
HR 可以很輕鬆管理所有問題，之後再根據時間區間，累計不
同部門的數據給更高主管參考。

4-4

雇主品牌觀測指標的設定

　　在第三章的內容裡，我們提到了 HR 經營雇主品牌的四個困境與解決方案、雇主品牌經營成熟度，還有雇主品牌評量清單 JOBS 四大面向。其中我們提到了不少指標，單就觀測指標而言，可以分為：招募績效指標、人才質化指標、品牌評量指標，以下就分別來談談這些指標，主要會是前兩類指標（品牌衡量指標之前介紹過了），還有如何量測。

　　如果你不能衡量它，就不能管理它。

——彼得・杜拉克（管理學之父）

招募績效指標

　　下面的這些指標，是和績效有正相關的，也就是說，指標越好越可以提高經營效率、更快找到人、幫公司節省更多招募費用，包含：平均招募成本、平均招募時間、平均主動應徵人數、履歷合格率、Offer 接受率、新人報到率等。因為利害

關係人多，流程也長，要整理這些數據其實不是一件容易的事情，但你一定要把這些數據整理出來——沒有數據指標就沒有參考的依據，也沒辦法去進一步優化。

平均招募成本：又可以分成內部招募成本與外部招募成本。

- 內部招募成本＝（內部轉介獎金＋其他內部成本）／內部招募人數
- 外部招募成本＝（外部廣告成本＋其他外部成本）／外部招募人數

外部招募也可以分很多管道，比如 104、1111、FB、Google 廣告，以及校園徵才、就業博覽會等等，可以計算哪一個管道是成本比較低的，是不是可以再成長或優化。

平均招募時間：從員工離開公司開始，計算多久可以招募到人才填補，或是從職缺申請開始，直到找到人所需要的時間；有時候人資常常在等用人主管的回覆時間，或許可以把不同時段切出來優化，比如用人主管回覆時間、面試安排時間等等，可以先把占最長的時間優化，或是與用人主管討論有沒有可能每週固定空下半天來面試。

如果平均招募時間越短，相較一些人才競爭對手，如大企業動輒四面五面（面試）、長達好幾個月的面試流程，是有機會可以搶到一些人才的。

平均主動應徵人數：主動應徵人數／招募職缺數。這個指標裡，我們看的是主動應徵的人數是不是夠多；主動應徵量夠

多，才能從眾多人才中挑選到最適合的人才。怎麼增加主動應徵人數？經營雇主品牌、規劃徵才廣告、增加徵才管道等，都會是有效的方式。

履歷合格率：合格履歷／應徵履歷。我們可以從這個指標知道，主動來應徵的人是不是符合我們的條件。我們常常聽到 HR 或用人主管說「來的都是不對的人」，基本上就是履歷合格率低。

為什麼不是對的人來投遞履歷？除了經營雇主品牌之外，建議 HR 與用人主管可以一起討論用人需求，想想職務說明和條件是不是需要再做聚焦與調整，對於某些學校科系新鮮人有偏好的，就可以針對該學校舉辦校徵、說明會、創新競賽、支持活動、獎學金、產學合作等，對於某些公司或工作經驗有偏好的，可以透過精準的廣告、EDM 來投放，或是找獵才來幫忙。

Offer 接受率：Offer 接受人數／ Offer 人數。這個指標，可以幫助我們了解 Offer 是不是有吸引力。建議 HR 可以詢問求職者接受其他 Offer 的原因，當作未來優化的參考，如果 Offer 被某些職類人才拒絕的比例較高，一問之下是因為薪資不夠有吸引力，可能就要思考一下公司的薪酬策略，是不是需要再提高某些職類的薪資競爭力。

新人報到率：報到人數／ Offer 人數。發了 Offer、求職者也接受了，還是有些人不會來報到，這時就要設法詢問不來報到的原因。有些人可能同時有好幾個 Offer，只能選擇一個最

想去的公司；這些公司就是你的人才競爭對手，最好選擇幾個主要對手來參考，學習他們如何經營雇主品牌、提升薪資福利與待遇等。

除了以上這些數據，還有招募廣告點擊數、公司頁與職缺頁流量、面試率、面試滿意度調查等等，還可以切分部門或是職類，洞察數據背後的一些現象，進而擬出後續的行動方案，持續改進與優化。

人才質化指標

經過了履歷篩選、面試、發Offer，好不容易人才來報到了，接下來「是不是能留住」、「質好不好」就是我們要觀測的新指標，包含：留任率、新人學歷（資歷）符合率、新人工作績效（通過試用比率）、用人主管滿意度等。

留任率：期末在職人數／期初在職人數 ×100％。這個時間可以分為一個月、三個月、六個月，來看經營雇主品牌後，是不是留任率成長；一樣可以切分部門、職類、學歷、招募管道或是其他的維度，來觀察哪些維度是留任率高的，怎麼增加或提升這些維度的人才。

新人學歷（經歷）符合率：符合公司期待學歷或是經歷的比例。比如公司是希望找更多的碩士或是有證照的新人？或是有一年以上的零售經驗的門市店員？

　　新人工作績效（通過試用比率）：從平常的出勤、工作表現、三個月的試用期考核，或是年度考核成績，可以看出新人的平均表現如何，這個部分也可以當作人才品質的參考。

　　用人主管滿意度：滿意度調查應該是 HRBP 的服務指標，包含人才數量與質量、找人速度、人才經歷、學歷、專長、態度等，可以藉此調查、了解用人主管的滿意度。

品牌評量指標

　　品牌成熟度指標：如同之前所說的，雇主品牌經營成熟度有分成五個經營層級，可以參考之前的資料來評估。

　　雇主品牌評量清單 JOBS：這個部分，之前已經花很多篇幅介紹過了。

- Jobs（工作）：工作地點、工作環境、工作生活平衡、工作保障、有趣、學習、挑戰性、自主性等。
- Organization（組織）：公司文化、員工評價、升遷機會、老闆（主管）、同事、公司願景使命、公司聲譽、公司創新、用人理念、國際化等。
- Benefits（利益）：薪資、公司福利、公司營運績效、員工激勵制度等。
- Society（社會）：企業社會責任（CSR）、永續發展目標（SDGs）、環境社會公司治理（ESG）等。

4-5

CSR、SDGs 與 ESG

在「雇主品牌評量清單，JOBS 四大維度」裡，JOBS 的 S（Society）就包含了企業社會責任（CSR, Corporate Social Responsibility）、永續發展目標（SDGs, Sustainable Development Goals)、環境社會公司治理（ESG, Environmental, Social, Governance）。

這個部分會是企業未來的經營趨勢，也是吸引對的人才的方法之一。

細說 CSR、SDGs 與 ESG

企業家們要攀登二座大山：前者是「利潤」之山；後者是「責任」之山。

——天下文化高希均教授

企業社會責任（CSR）源起 1950 年代，字面可以解釋成：企業有責任為社會付出貢獻，除了追求利益最大化之外，還必

須改善社會和環境，而不是對社會和環境做出負面貢獻。

永續發展目標（SDGs）則是 2015 年時由聯合國提出的，總共有 17 項目標及 169 項細項目標，17 項目標分別是：1. 消除貧窮、2. 消除飢餓、3. 良好健康與福址、4. 優質教育、5. 性別平等、6. 潔淨水和衛生、7. 經濟適用的潔淨能源、8. 優質工作和經濟成長、9. 產業、創新和基礎建設、10. 縮小不平等、11. 永續城市和社區、12. 確保永續消費與生產、13. 氣候行動、14. 保育及維護海洋資源、15. 保育及維護生態、16. 和平公正與健全司法、17. 與夥伴共同實現目標。

這 17 項目標，又可以分成經濟成長、社會進步、環境保護三大面向，詳細的 169 項細項指標請參考聯合國網站（www.un.org），永續發展目標的介紹。

環境社會公司治理（ESG）的名詞和概念，也是由聯合國首次提出的（2004 年），是衡量企業永續性的指標。根據這 ESG 三大面向、10 個主題、37 個關鍵指標來評估分數，除了衡量企業這三項的表現之外，還代表著對企業的風險評估：ESG 分數越低，風險越高。

CSR、SDGs 與 ESG 這三個縮寫，彼此有重疊之處，簡單說，都是要求企業對社會、環境與永續上的責任與承諾。

為什麼要做 CSR、SDGs 與 ESG

> 如果你認為經濟比環境和健康還重要，你可以試著憋氣數
> 你的錢。
>
> ——蓋伊・麥克弗森（Guy McPherson，科學家）

很多人會問，資訊透明化，市場變化快速、競爭激烈，加上近期的中美貿易戰與新冠肺炎疫情，經營企業就已經夠辛苦了，為什麼還要做 CSR、SDGs 與 ESG 呢？幾個理由給大家參考：

1. 增加訂單：有多家供應商可以選擇的情況下，客戶當然會優先選擇有做 CSR、SDGs 與 ESG 的供應商。另外，很多國際大廠都會要求供應商必須符合綠能或其他相關規範，所以企業 CSR、SDGs 與 ESG 做得越好，越有機會拿到國際大廠的訂單。像是 Apple、Amazon、Google、Nike、Tesla、IKEA 等，都會提出供應商永續發展的規定或標準，來評估是否繼續合作。

2. 投資機會：根據全球永續投資協會的統計，到 2020 年為止，全球 ESG 基金管理規模為 40.5 兆美元，比 2018 年的 30.7 兆美元增加了約 10 兆美元。目前市場有越來越多的永續投資基金，「永續」也受到越來越多的投資人關注與青睞；根據統計，過去因為永續爭議造成的企業損失將近 6,000 億美元，

企業越在意永續，越能在這個變動的時代提高競爭力與預防風險，當然也是投資人心目中越好的投資標的。

3. 新商業模式：很多新的商業模式，如今都建構在永續上面，企業因此不能不思考，自身的業務是不是有機會轉換成永續的商業模式。像是訂閱經濟，提供客戶長期的訂閱服務來取代一次性購買，比如 Netflix、KKBox 等；像是共享經濟，不需要擁有產品就可以使用產品或是服務，讓產品更有效率與生產力，比如 Airbnb、Uber、GoShare 等。

4. 提高企業聲譽：善盡社會環境責任的企業，品牌形象更能獲得社會認同，也可以提高企業聲譽。ESG 好的企業，代表在公司治理方面也比別人更好，包含薪資福利、培訓員工、升遷發展等，因此也會是人才的首選企業。

104 所做的企業社會責任

企業社會責任，我們唯一的商業模式，我們存在的唯一理由。

—— 104 人力銀行董事長楊基寬

104 身為台灣人力銀行的龍頭，自然得擔負更多的責任，除了幫助企業與人才的媒合之外，我們還希望做得更多。以下三個大項，便是我們主要的企業社會責任政策：

- 職涯使命，壯有所用：對求職者「不只找工作，幫你找方向」，對徵才企業「不只找人才，為你管理人才」。
- 銀髮使命，老有所終：發揮健康長者的價值。
- 孩子使命，幼有所長：幫每一個孩子找到天分。

近期從事的企業社會責任事項（104 資訊科技集團 2020 年企業社會責任報告書），包括：

- 104 掌聲：已經累積 73 位以上不同領域工作者的精彩分享，影片觀看累積 400 萬次，分享近萬次。持續挖掘各行各業值得給予掌聲的精彩故事。
- 104 履歷診療室：超過 400 位 Giver、118 家企業加入企業週駐站，累積健診超過 34,357 次。每 3 人就有 2 人健診後面試邀約增加、立即找到工作，91％新鮮人提升寫履歷自傳技巧，88％新鮮人提高求職自信心。引入 SROI，每投入 1 元可產生 4.64 元的社會價值，已獲「國際社會價值協會」（Social Value International, SVI）頒發認證，是國內人力銀行及資訊服務業中第一家獲頒認證的企業。
- 104 職涯診所：打造一個職涯的解惑、學習、成長的平台，有超過 1,700 位 Giver 上站回答問題，其中包括五家上市櫃公司和各種專業職人上站回答。
- 104 企業健診：已號召 35 位業界資深顧問，至 2021 年 4 月底，無償幫助超過 120 家企業進行一對一健診服務，

藉由人資診斷報告找出公司與產業的落差、公司內部可優先改善的面向，提供專業建議及專屬的解決方案，提升公司在求職者及員工心目中的整體雇主品牌力。

· 104 公司評論：提供最真實的員工評價，打造更友善的職場生態。

· 104 公司頁企業社會責任：在公司頁提供一個可編輯企業社會責任的內容，方便宣傳與吸引人才。

· 104 雇主品牌：藉由大數據統計企業的雇主品牌分數，包含外部吸引力與內部留任力，當作企業優化的參考依據。

· 104 高年級：讓退休者發揮能力和經驗的平台，2017 年創立至 2019 年底已累積至約 240 位退休者，累積執行超過 2,000 場以上高年級服務，並且有超過 14,000 位需求付費使用服務。

4-6

風險管理與危機處理

雇主品牌的最後一部分,是風險管理與危機處理。

為什麼風險管理與危機處理會和雇主品牌有關係?目前的企業都處於更嚴峻的環境,員工隨時可能爆料,消費者動輒拒買抵制,如果風險管理不慎或危機處理不當,除了商譽與業績損失之外,還可能引發媒體與公關危機,雇主品牌也會連帶受到影響。

風險管理與危機處理的目的,就是把危機帶來的損失降到最低,因此我們必須先了解風險的種類、如何判斷與管理風險、當風險變成危機時要如何處理。

一、了解風險的種類

風險的種類有很多,針對企業經營的風險並沒有一個統一的定義,大概可以分為政治、經濟、環境、營運、人為、科技、法律等,依序舉例說明如下。

政治風險:政府政策改變、相關法令或制度變更、國家領

導人、兩岸關係等。

經濟風險：經濟衰退、匯率變化、稅收政策改變等。

環境風險：重大天然災害、颱風、地震、氣候變遷、高度傳染性疾病、環境污染等。

營運風險：公司現金、應收帳款、負債、資產、庫存、進口成本、供應商、發展策略、流程、客戶口碑、錯誤行銷等。

人為風險：高階主管失言、醜聞、員工失職、員工行為不當、人員身故等。

科技風險：資訊安全、個資保護、服務異常、網站受到惡意攻擊、勒索病毒等。

法律風險：政府法令（公司法、證交法、勞基法）、廠商合約、專利、智慧財產、客戶與商業機密等。

不同種類的風險，可對應到相關主管，比如財務會計、人資、業務、法務、資訊安全、公關、行政總務等；因此，接下來的管理風險就應由對應的相關主管來負責。

二、如何管理風險

公司的風險管理不好，風險就會容易演變成危機，進而影響到公司的營運，造成公司財務、商譽相關的損失。那麼，我們要怎麼管理風險呢？請參考以下幾個步驟：

1 . 研擬風險管理守則

就人資來說，要針對人為的風險訂立一些相關規定。

以「如何避免高階主管失言」為例，對於高階主管出席公開活動或接受採訪，除了總經理與公關之外，都需要透過內部流程審核，高階主管必須說明出席活動的性質與原因，預計活動中會發表的內容。人資必須提醒所有高階主管（包含總經理），除了內部的營業秘密不能發表言論之外，還包含性別、宗教、政治、種族、國籍等相關議題不能有歧視言論，並且要說明如果違反可能會受到的相關懲罰。

管理員工失職、員工行為不當等的風險，則是平常就應宣導公司文化：什麼是值得鼓勵的行為？什麼是失職、行為不當？可以透過內部員工訓練的方式，定期宣導，降低人為所產生的風險。

2. 建立標準作業流程（SOP）

為什麼我們要每半年就做一次消防演練？演練就是標準作業流程，將火災的風險降到最低，萬一火災真的發生，大家才會知道如何應變。人為相關的風險，部門內部可以先建立標準作業流程，假設員工上下班途中發生意外傷亡、員工收賄、員工提供營業秘密給競業、員工內線交易等，如果平常就有相關的 SOP，當危機真的發生時，便可以用最快速的方式處理，降

低公司損失。

三、面對危機如何處理

1. 成立危機處理小組

確認危機發生後，相關主管必須立刻成立危機處理小組，聽取多元化的團隊——總經理、業務、行銷、公關、人資、財務、法務等——提供不同的觀點。我們沒辦法預先知道危機，但可以編寫一些一般性的危機處理說明文字，以下是一個給大家參考的範例：

針對……事件，公司高階主管已經成立危機處理小組，實施應對的計畫，該計畫將公眾和團隊的安全放在首位。同時我們開始對事實進行全面調查，預計（多久）之後，我們將在官網、社交媒體上說明計畫細節與處理進度，必要時會舉辦記者會和公眾說明。

2. 釐清危機與識別嚴重程度

我們必須先確認、釐清危機真相（人、事、時、地、物），相關利益關係人、發生的可能性有多少？真的發生了後果是什麼？會造成什麼損失？有無法律相關的議題？了解風險的頻率和嚴重性，讓危機處理小組知道後續處理的速度與需要的資

源。

3. 列出所有替代方案

　　危機，可不會都在風險管理的事件裡。時代日新月異，總是不斷有無法預知的危機產生；因此，除了之前的標準作業流程之外，企業也要列出所有可能的替代方案，以及各種方案的優缺點、需要的人力與資源、預計多久可以處理完畢等。

4. 判斷與選擇執行方案

　　列出所有替代方案後，由總經理或高階主管們選擇最有可能實現預期結果的解決方案，找到所需的資源與支持。也許必須由高階主管批准該計畫，並且必要時通知團隊成員，後續展開各團隊需要處理的事項，回報進度頻率等。

5. 處理問題的態度

　　面對問題，誠懇解決，積極處理，勇於負責不推諉，才是能讓大家都接受的態度，也可以避免衍生更嚴重的公關危機。

6. 第一時間對外、對內說明

　　從釐清危機真相到執行方案，盡可能在一天內完成。對外的聲明稿必須說明清楚事件發生始末、公司對此事件的態度、實際的解決方案與進度，但無需描述過多細節。內部員工也會

擔心危機對公司的影響，所以對內的聲明稿要說明目前公司遇到什麼危機、怎麼處理，既讓員工安心，對員工也是一個很好的機會教育。除了對外的媒體與對內的員工之外，視情況也需要向政府機關主動說明。

7. 持續監控輿情，隨時準備回應

危機處理聲明之後，還需要持續監控輿情，據此做出下一步決策。聲明後並沒辦法解決危機時，就必須再思考其他的解決方案和最壞情況下的底線。

8. 持續改善危機問題

出現危機，可能是公司哪方面的風險管理沒有做好，必須回頭去檢視風險管理有哪些疏失，從源頭管理起，讓這次的風險不再發生。

第 5 章

國內外知名雇主品牌評比

最佳雇主評比，就像是 HR 的健康檢查。

公司怎麼知道自己身體是否健康？自己雇主品牌做得好不好？今年和去年比較公司經營得如何？有在持續優化雇主品牌嗎？

如果是跨國公司，更需要知道的是：各國分公司在執行 HR 策略時是否確實執行？各國執行的成效如何？有沒有一套標準衡量方式？

5-1
HR 界的世界盃── Top Employer 最佳雇主獎

　　談過了什麼是雇主品牌、為什麼要做雇主品牌、如何做雇主品牌後，接下來就到評比階段了。

　　我們平常會定期做一次健康檢查，最佳雇主評比就像是 HR 的健康檢查一樣。公司怎麼知道自己身體是否健康？自己雇主品牌做得好不好？今年和去年比較公司經營得如何？有持續優化雇主品牌嗎？同產業的頂尖企業做了哪些有關雇主品牌的事情？不同產業的頂尖企業有什麼標竿案例可以參考的？如果是跨國公司，更需要知道的是：各國分公司在執行 HR 策略時是否確實執行？各國執行的成效如何？有沒有一套標準衡量方式？

「傑出雇主研究機構」的緣起

　　第一個要介紹給大家的最佳雇主評比，是跨國企業的首選「Top Employer 最佳雇主獎」，為什麼說它是「HR 界的世界盃」？因為傑出雇主研究機構（Top Employers Institute, TEI）

是歷史最悠久、最嚴謹、最具公信力、通用全球的 HR 評比機構。

　　傑出雇主研究機構的前身，是位於荷蘭的企業研究基金會（Corporate Research Foundation），成立於 1991 年，主要出版與傑出雇主、人力資源、領導力和策略相關的刊物書籍，在 2005 ～ 07 年間引進了「年度最佳雇主認證」，2013 年更名為 TEI，到 2021 年成立 30 週年時，已與 120 個國家／地區的 1691 個組織合作。「為了更好的工作環境」（For a better world of work），是 TEI 的使命。

為什麼要申請 Top Employer 獎項

1. 改善 HR 的作法

　　有很多種方式可以評比最佳雇主，比如：員工滿意度調查、員工敬業度調查、形象量測等，TEI 選擇的是「人力資源最佳實踐調查」（HR Best Practices Survey）。TEI 相信，正是因為優異的人資實踐，才讓這些企業成為最佳雇主，而人力資源最佳實踐調查基於 6 個領域與 20 個項目，涵蓋關鍵的 HR 主題，稍後在 Top Employer 的審核主題會提到。

2. 宣傳雇主品牌

　　拿到 Top Employer 最佳雇主獎的企業，通常會發布外部

新聞稿、官網、內部公告,讓更多的利害關係人知道,另外也會把獎項標誌放在招募網站、公司介紹,吸引在意雇主品牌的求職者,也讓自己與眾不同,增加外部吸引力與提高內部留任力。

3. 標竿管理

要把一件事情「做到最好」,我們就必須知道「最好的做法」。TEI 擁有 30 年的經驗,超過 120 個國家與 1,600 家企業參與,累積了大量的企業最佳實務;根據 TEI 的調查,91％的HR 認為標竿管理的方式是有用的,77％的 HR 調整與改進了人資策略。透過 HR 最佳實踐,可以讓企業保持領先地位,並了解自己不足之處且加以改善。

4. 跨國政策一致性

在企業發展過程中,跨地域的人資管理應該保持一致。透過區域報告和項目管理,TEI 幫助跨國企業了解人資實踐在不同地區是否一致;另外,也可以讓各國分公司做良性競爭,各國因應政治、經濟、文化的不同執行時有什麼差異,有哪些是做得好的,都可以納入全球的 HR 策略。

5. 傑出雇主社群

透過線上、線下活動,TEI 持續分享傑出雇主的最佳人資

實踐，了解人力資源發展的最新趨勢，並且在社群中與其他傑
出雇主 HR 共同成長。

申請 Top Employer 的流程

1. 評估與參與

　　TEI 會對申請企業進行評估，條件是當地員工至少要有
250 人以上，或全球員工 2,500 人以上。評估階段會調查 HR
的成熟度、是否致力於 HR 實踐等，評估通過後，企業就可以
參加基於 6 個領域與 20 個項目、約 400 個具體人資實踐的「人
力資源最佳實踐調查問卷」。

2. 驗證

　　由 TEI 驗證所提供答案的品質，確保了企業填寫調查的答
案，能夠客觀、完整地完成。TEI 驗證時，會請企業提供相關
補充證據，審查綜合結果，也可能會對認證過程進行獨立的外
部稽核。

3. 認證

　　計算最終得分並授予認證，認證後的企業便可以加入全球
1,600 多家「傑出雇主」的行列。因為很多跨國企業的分公司
都一起申請，同一家公司也會有機會得到亞洲、歐洲等洲的最

佳雇主藍獎，或是全球的最佳雇主金獎。

4. 反饋

獲得認證後，會得到一份人資反饋報告和同行業的相關洞察，企業可以知道自己在 6 個領域中哪些表現優良、哪些還有待加強，以及評分與其他領先雇主的對比情況。

Top Employer **的審核主題**

Top Employer的審核主題面向，包括6個領域與20個項目：掌舵（商業策略、人才策略、領導力）、塑造（組織改變、數位人資、工作環境）、吸引（雇主品牌、人才招聘、員工入職）、發展（績效、職涯、學習）、參與（身心靈健康、敬業度、獎勵與認可、員工離職）、團結（價值觀、道德誠信、多元包容、可持續性），由約 400 個實踐調查組成，有些問題會要求提供文件並接受審計或驗證，以確保答案屬實。

Top Employer **的限制**

獲得最佳雇主獎的企業大都是國際大企業，很多小而美的企業，因為人數的關係沒辦法參加申請，不少美國的國際知名企業像是 Amazon、Google、Facebook、Microsoft、Netflix、

Tesla 等，他們都沒有選擇 Top Employer，反而參加了美國
LinkedIn、Glassdoor、Great Place to Work 等的評比；申請 Top
Employer 的費用與申請所需的資源，也比其他評比較高。最
後，比較可惜的是，2020 年後獎項上台灣改稱「中國台灣」，
大幅降低台灣企業申請的意願，目前台灣只有四家外商獲獎。

5-2　亞洲最佳企業雇主獎——HR Asia Best Companies to Work for in Asia

關於 HR Asia

　　HR Asia 主要專注在亞洲人力資源專業人士的出版，於 2009 年推出，一年不定期出版 3 ～ 4 本，2021 年 2 月起，開始換成每個星期出版一期，目前為止 HR Asia 出版了約 80 本雜誌，討論 HR 相關的各種議題：亞洲新聞與事件、亞洲 HR 面向的相關計畫、學習、實用技巧、指南、洞察、CHRO 對話等等。在 2013 年開始啟動 HR Asia Best Companies to Work for in Asia 的年度獎項，主要是表彰擁有最佳人力資源實踐的公司，一直到 2018 年才擴展到台灣舉辦亞洲最佳企業雇主獎，至今覆蓋的市場有馬來西亞、新加坡、中國大陸、台灣、香港、印尼、韓國、菲律賓、泰國、越南、柬埔寨和印度。

《HR Asia》雜誌

HR Asia 隸屬於「國際商業資訊集團」（Business Media International），集團成立於 2002 年，業務涉及雜誌、新媒體、獎項等：

(a) 雜誌：SME、HR Asia、資本、CXP Asia、Energy Asia 等等

(b) 新媒體：真相 Truth TV

(c) 獎項：亞洲最佳企業雇主獎（HR Asia Best Companies to Work for in Asia）、百大中小型企業獎（SME100 Fast Moving Companies Awards）、金牛獎等等

申請亞洲最佳企業雇主獎的好處

1. 更了解員工

藉由獨立的調查報告，企業可以更了解員工敬業度，並擬

定年度人力資源計畫,可以針對個別行業的參與者比較,更清楚知道在該行業裡自己企業的狀況。另外,企業主總是會想知道員工口碑,員工真心喜歡這個工作嗎?他和其他人是怎麼說的?藉由了解員工口碑,可以及時發現問題。

2. 提升公司的人才標準

獲得「亞洲最佳企業雇主獎」,可以提升人才吸引力與留任力,有了更好的人才,企業才能有更好的表現,為股東帶來更大的價值。

3. 帶來品牌效益

藉由獨立機構研究數據所獲得的最佳雇主獎項,可以幫助你建立自己的雇主品牌,成為求職者心目中的最佳雇主。

4. 簡單方便的流程

一開始 HR Asia 在設計審查標準時,研究了其他類似的最佳雇主機構和獎項,並與許多 HR 專業人士交流,發現一些機構的審查流程過於複雜與冗長,精簡而有效是更重要的。因此,申請亞洲最佳企業雇主獎不需要很多時間,透過更簡單的流程即可獲得相關的數據成果。

2019 HR Asia 台灣頒獎典禮合影

申請 HR Asia Best Companies to Work for in Asia 的流程

HR Asia 一開始需要評估條件，製造業公司需要超過 100 個正職員工，非製造業需要 50 個正職員工，公司需營運超過 18 個月的時間，報名成功並繳交 1,000 美元費用後，接下來就可以選擇 30 ～ 50 位員工參與匿名敬業度問卷調查；各部門需有最資深與最資淺的正職員工參與，之後會透過線上訪談企業，進行評選。簡單的流程，節省了 HR 的時間，加上施測方便，在 2021 年度亞洲最佳企業雇主獎，台灣就有 292 家企業報名，96 企業榮獲此獎項。

HR Asia 的審核方法

HR Asia 所使用的「全面敬業度評估模型」（Total Engagement Assessment Model, TEAM）是一種經過驗證且可擴展的評估工具，可幫助企業更了解員工與團隊。TEAM 目前已經有超過 200 萬名員工完成調查，由相關行業專家、學者組成獨立審查委員會，透過員工調查與線上作業，審查企業對 HR 計畫的投入與成果，並直接邀請參選公司員工，用匿名的方式填寫全面敬業度評估問卷，為自己的企業打分數。

問卷設計分為「組織認同實際相關的企業核心面向」、「從員工身心與情緒出發的個體面向」，以及「從思想、感覺到行動的團隊認同面向」三個面向。組織認同實際相關的企業核心面向（Core），包括企業文化與倫理、領導與組織、積極的實踐行動；從員工身心與情緒出發的個體面向（Self），包括情感認同、意向與動機以及行為與支持；從思想、感覺到行動的團隊認同面向（Group），包括團隊意識、團隊情感以及集體動力。

舉例來說，Core 的問卷調查裡有：「公司重視所有僱員（無論其職位高低）的意見並公開討論」、「公司不會為了利潤剝奪僱員的利益」、「公司鼓勵僱員不斷地自我增值及學習」、「公司接受僱員的意見並採取恰當的行動」、「公司鼓勵跨部門合作或崗位輪換」。Self 的問卷調查裡有：「我對我

的工作充滿活力」、「我很清楚自己的工作職責」、「我清楚
知道公司的業務狀況」、「我相信我的職責對公司的目標有很
大的幫助」、「我願意付出更多努力去完成公司的目標」、「我
不斷地尋找自我提升的方法，讓自己可以更充分地發揮在工作
上」。Group 的問卷調查裡包含：「我相信其他隊員清楚自己
的職責並承擔起自己所在工作崗位的責任」、「我們願意幫助
有需求的同事」等細項。

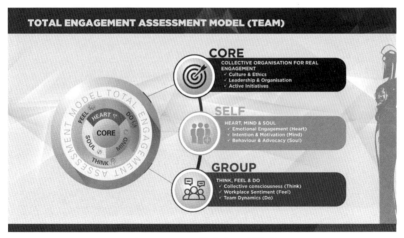

HR Asia 全面敬業度評估模型
（TEAM: Total Engagement Assessment Model）

第 6 章

雇主品牌成功案例

- 帝國菸草：從 Bring it on 到 Here You Can。
- 台達電子：重視體驗用心對待，讓員工 WOW。
- 星展銀行（台灣）：Be the Best, Be the Change, Be the Difference.
- 信義房屋：以人為本，先義後利。
- 元大金控：贏家策略，做第一不做第二。
- 百靈佳殷格翰：總經理親自把關入職與離職面試。
- 振鋒企業：用核心價值 5A 來選擇適合的人才。
- 頻譜電子：用品牌與雇主品牌幫助客戶與人才成功。
- 聯合生物製藥：經營從內部溝通開始的雇主品牌。

（依採訪時間排列）

6-1

帝國菸草

為什麼我們選擇帝國菸草?

除了獲得多項雇主品牌大獎之外,帝國菸草在工作環境、工作生活平衡、學習上特別突出,為善不欲人知,深耕台灣、回饋社會,是雇主品牌低調實踐家。

從 Bring it on 到 Here You Can 的雇主品牌再進化

經營雇主品牌,企業各有妙方,而帝國菸草已連續兩年榮獲 Top Employer 最佳雇主獎,更蟬聯三年獲得 HR Asia Award 亞洲最佳企業雇主獎等殊榮,成為眾家外商中一顆耀眼新星。在其締造非凡的背後,有何特殊的經營哲學呢?

「Bring it on!(放馬過來)是我們於 2014 年起發展雇主品牌主張的起點。」帝國菸草亞洲暨中東地區人資總監 Doris Chang 回想,有鑑於產業面臨諸多挑戰,當時由總部與全球多個市場合作討論制定,引用歐美運動場上常見用語,以體現「不怕困難」的企業 DNA,盼能吸引勇於接受挑戰的人才。

此外，為使同仁能深入理解其涵義，當時也設計與 2014 年世界盃足球賽概念結合的活動，並鼓勵同仁分享在工作中勇於接受挑戰的故事，進一步深化雇主品牌內涵。

Doris Chang 指出，隨著產業變遷快速，公司於 2019 年重新進行雇主品牌「總體檢」，納入全球員工與高階主管的想法，從公司特色、工作體驗及欲在帝國工作原因等角度出發，盼能更進一步體現其中蘊含的成長思維，「自 2019 年起，帝國菸草的雇主品牌主張已進化為『Here You Can』，意即除承襲過去不畏挑戰的精神外，我們更進一步鼓勵每位帝國同仁應具備挑戰者思維，並發揮具前瞻性的創造力、勇於實踐，進而創造非凡」。

彰顯 Here You Can 最佳例證，CSR：為善不欲人知

從前述的轉變中，不僅可發現帝國菸草塑造雇主品牌的歷程，亦可窺見其追求體現企業價值與 DNA 的堅持。「雇主品牌主張是形塑公司文化的關鍵，如同掌舵者，將公司與員工帶往正確的方向，而 Here You Can 所傳遞的核心價值是勇於創新、不畏挑戰，企業社會責任（CSR）就是一個具體實踐的例子。」Doris Chang 說道。

帝國菸草向來秉持深耕台灣、回饋社會的初衷，推動 CSR 已逾 10 年，回饋社會的足跡遍布全台灣，每年公司的公共事

務暨法務部門都會調查各地需要幫助的對象,透過 CSR 活動並結合員工參與,提供公司全體同仁實踐社會公益的機會,近期更擴大邀請員工親友參加,共享帝國的企業價值與文化。

　　近幾年的 CSR 活動,包括認養稻田、助稻農清除福壽螺、淨灘、老舊社區古厝再造、老人活動中心清理及愛心服務等。

帝國菸草近期 CSR 活動

　　Doris Chang 表示，受限於相關法規，公司進行 CSR 時面臨諸多限制，但為實踐回饋社會的目標，帝國多年來秉持「為善不欲人知」的態度，幫助弱勢、扶助清貧並關懷環境，「我們除嚴格遵守法律規範、步步為營外，面對外在環境的挑戰，我們仍秉持 Here You Can 的企業價值，拓展服務版圖，10 年下來成果豐碩」。

實踐 Here You Can 精神，打造自我學習企業文化

　　鼓勵及培養員工持續學習的習慣，也是彰顯 Here You Can 價值的另一層意義。Doris Chang 說明，實踐 Here You Can 精神的成長引擎，是創造自我學習的企業文化，並重視每一位員工個體的發展，「唯有如此，才能帶進企業的正向循環」。帝國最重要的學習口訣是「70、20、10」，意即 70％在工作中學習（on the job learning），20％向周遭同事與主管學習（learning through others），最後 10％才是傳統學習（structured learning）。

　　針對 70％的工作學習與 20％同事學習，帝國推動「Lunch & Learn」午餐分享會，廣邀各部門同仁擔任「講師」，分享部門相關專業主題，累計 3 年來共舉辦 17 場講座，至今已成為廣受員工喜愛的跨部門學習平台。

　　此外，帝國也號召員工組建「數位學習團隊」，由團隊成

員擔當點燃公司學習力的種子，邀請高階主管分享心得，創造同事間的學習火花。而對於主管階級的領導力培育，為使主管都能以身作則，帝國也發展出「哈佛領導力」課程及座談會，廣邀主管進行學習、運用於職場中。

　　至於最後 10％的傳統學習，帝國位於英國的集團總部已投注可觀的人力與資源在全球各市場推動數位學習（Digital Learning）。台灣員工除每天能查閱公司最新的線上學習資訊外，亦能彈性自主決定學習主題、時間與地點，帝國更在辦公場域中巧妙融入「學習元素」，使員工能隨時隨地拿起手機「掃描 QR Code」，輕鬆展開學習旅程。

員工可以彈性自主決定學習主題、時間與地點

連續多年獲最佳雇主殊榮，「帝國人以帝國為傲」

　　立基於前述的基礎，帝國菸草展現 Here You Can 雇主品牌精神廣獲外界肯定，包括 Top Employer 最佳雇主獎以及 HR

Asia Award 亞洲最佳企業雇主獎，帝國已連續多年獲得前述殊榮。台灣市場人資經理 Stacy Wang 表示，帝國重視雇主品牌與員工發展的價值，對於在申請相關獎項時是一大助力，儘管申請認證過程非常辛苦，「但成果是豐富且無價的」。

　　「申請最佳雇主認證獎項是對人資部門的體檢，藉由申請過程，我們得以體認哪些面向值得嘉許，並盤點出需要改善或優化的地方。」Doris Chang 補充說明，除了以歷年表現進行自我檢視外，也能藉此向其他榮獲最佳雇主的公司取經，做為另一參考指標；最重要的是，能向員工分享榮耀，進而提升員工對公司的認同感，「並以身為帝國人感到驕傲，這就是最讓人感動的回饋了」。

6-2

台達電子

為什麼我們選擇台達電子？

身為全球節能解決方案的提供者，在公司願景使命、公司創新、國際化上表現優異，持續獲得國際大獎，勇於走自己的路，5A 與 DIAMOND 的方法論值得大家參考。

近年來，台達在雇主品牌上的成績有目共睹，除了榮獲遠見企業社會責任幸福企業首獎、台灣企業永續獎人才發展領袖獎首獎、道瓊永續指數（DJSI）獲全球電子設備產業最高分，其中「人力資本發展」獲滿分，「人才吸引與留任」獲產業最高分。在 2020 ～ 21 短短兩年內，台灣與海外據點接連取得 HR Asia Best Companies to Work for in Asia、HR Excellence Award、LinkedIn Talent Award、Brandon Hall Excellence Award、Best Employer Brand Award 等國際大獎的肯定，究竟是什麼經營心法和策略，讓台達的雇主品牌如此成功？

積極運用社群，整合校園資源

　　台達自 2017 年起深耕雇主品牌，「擁抱社群」就成為重要的策略選擇。內部進行各國目標族群的使用者習慣等相關分析後，決定先從 Facebook 與 LinkedIn 開始做主力經營，制定雇主品牌策略、行動方案、社群規範，擴展到不同的國家並因地制宜。例如：台達在中國主要是透過微信來宣傳，近年更善用抖音（TikTok）拉近與受眾的距離；在泰國則是靈活使用 LINE、Facebook、Instagram 等平台，亦推出電子報（https://360.deltathailand.com/）主動觸及目標族群，以豐富的圖文影音來擴大訊息散布；在台灣近期則增加 YouTube 的內容經營，並主打關鍵職位的微短片（如軟體工程師、機構工程師、電力電子工程師等）。透過社群平台成功吸引粉絲關注，黏著度大幅提升，成效卓著。

　　除了擁抱社群，台達也深耕實體校園，與台大、清大、成大、台科、北科等頂尖大學設立聯合研發中心，由台達人資負責內外的串連與溝通，結合各校的專業領域與研發能力，由集團及事業單位挹注資金及人力，共建產學合作的平台與機制。此外，還透過產碩專班、產學實習等多元方式，將合作成果轉化為內部技術及產品實現，更爭取優秀學生延攬入職。近年將活動擴及海外，陸續建立在台泰國專班及在台印度學生獎學金方案，台灣學生也有機會遠赴泰國、德國、荷蘭、中國等地實

習，擴大學習視野。

以上這些相關機會與訊息，台達都持續透過各種社群平台對外宣傳，透過口碑行銷及虛實整合（Online Merge Offline, OMO）的方式，強化受眾對於台達的認知了解，也提升了雇主品牌。

爭取資源「Quick Win」，好的開始是成功的一半

台達人資長陳啟禎認為：人資高階主管必須具備高度的商業敏銳度，除了要能清楚掌握市場的競爭對手、人才分析、未來趨勢等，更需釐清目前面對的問題是什麼？提出的短、中、長期方案預期帶來什麼成效？審慎評估後才有機會說服高層爭取資源。取得資源後，要積極取得一個「Quick Win」（快速成功），讓專案任務團隊成員有信心面對更複雜的挑戰。也因為有階段性成功的基礎，才有機會爭取更多的信任與更多的資源，持續往前邁進。

台達在 2017 年決定要深耕雇主品牌時，信心自覺相對不足，內部也有諸多疑問。例如：雇主品牌究竟是什麼？我們距離同業標竿還差多遠？在既有的基礎上，未來該如何做出差異化？如何衡量成效……。當時業界能夠借鏡的案例不多，所以透過對優秀企業的實地參訪、競爭者分析，並參考外部文獻與研究，制定短期策略及行動方案後，就撲天蓋地展開各項活

動，並堅持不懈持續檢視過程細節。陳啟禎謙虛地說，也許是運氣好，加上努力就可以看到開花結果，尤其外部獎項的肯定接踵而至，讓團隊都大受鼓舞，也越來越清楚未來的策略與方向。

重視體驗，用心對待，讓員工 WOW

台達雇主品牌的特色是「以真實獨特打動人，以員工體驗為核心，有策略有方法地吸引人才」。

以「田中馬拉松」活動為例，為了打造獨特而動人的體驗，並達到擴散效應，專案的時間軸拉長為半年：「前置期」讓員工投票決定路跑地點；「暖身期」透過舉辦設計頭巾活動，創造流量與話題，並邀請跑步學堂教練於各廠區指導同仁為期兩個月的密集訓練。「活動期」由一天的路跑活動，拉長為兩天的跑旅遊，搭配手作與觀光工廠參訪活動，讓員工家屬也能吃得開心、玩得盡興。路跑當天邀請專業教練帶領員工暖身與收操，並即時將影音照片上傳社群平台，創造口碑效應與分享；活動結束後立刻執行滿意度調查，聆聽員工聲音並持續優化改善……。

這樣環環相扣、層層推進的結果，成功帶給員工一個難忘的體驗與許多故事。當內部員工對台達產生認同，就會自發性地幫台達吸引更多優秀的人才加入，讓雇主品牌的效應如漣漪

般擴散到最大。

台達專屬教練帶領田中馬參賽者賽前熱身

坐而言不如起而行，勇於走自己的路

「當我們想跨出舒適圈或嘗試一些不一樣的事，總會有不同的聲音，質疑我們為什麼要改變？改變真的比較好嗎？等等的問題。」陳啟禎人資長說：「但我們不應該被這種聲音阻止創新的步伐，要問自己的應該是：為什麼不試著做看看？坐而言，不如起而行，一切讓行動和成果來證明。」

過去的招募活動大多侷限於各區域自行辦理，少有由總部發起，並由地區人資協同合作產生綜效的活動。陳啟禎人資長認為應親赴前線並且改變現狀，所以 2019 年台達就將全球招募列車首次駛向麻省理工學院，當天現場擠滿了來自美東各校

的學術菁英到場參與企業說明會，活動最後，一位隱身於會場聽眾中的來賓起身向人資長說：「我在這裡教書多年，至今僅有少數幾家台灣企業直接在這裡舉辦過說明會，你們是其中一家。我對台達非常有興趣，如果未來有需要，我願意把學生介紹給你們。」

這場活動除了得到許多優秀的履歷之外，也與美東區學生會以及駐外代表處建立良好的關係，創造新的人才渠道，此次活動還獲得海外電視、報紙等媒體的曝光，達到超乎預期的宣傳效應。也因為有此次的破冰之旅，後來台達又啟動了其他如荷蘭、波蘭、日本、星馬、印泰等國的國際招募活動，即使在疫情期間，仍可透過既有管道與目標群體進行接觸，創造彼此媒合的機會。

2021 年是台達創立 50 週年，一直以來，台達資深員工的獎盃僅有單一樣式，就是市面上一般可見以木質與壓克力結合的獎座，多年來從未改變。雖未收到客戶要求改變的需求，人資長卻主動要求團隊成員，如何在成本相同的條件下，也能結合環保再生理念及 50 年專屬限定，讓獎盃給員工耳目一新的感受。

經過團隊成員重新發想並四處尋覓後，新的資深員工獎座下半部為火力發電後的煤渣及水庫汙泥壓合而成的材質，上半部則為大理石邊角料磨粉澆築而成，整體設計有 10 個階梯迴旋向上（每 5 年一個階梯），可依據員工的年資來標示，也象

徵逐步登階延續下個 50 年，並與台達 50 周年主軸「影響 50，迎向 50」緊密結合。沉甸甸的新獎盃拿在手上，員工絕對感受到與過去的不同，傳遞獨特又真實的雇主品牌價值。

雇主品牌的 5A 策略與 DIAMOND 心法

在此次訪談中，陳啟禎人資長很難得分享了台達雇主品牌經營的 5A 策略與 DIAMOND 心法。5A 策略是從「我知道」（Aware）、「我動心」（Appeal）、「我被說服」（Ask）、「我行動」（Act），到「我推薦」（Advocate），在每個環節策略性整合實體與虛擬世界的人才獵取活動，透過不同的管道（空戰、海戰、陸戰），讓台達的雇主品牌對求職者產生人才磁吸力。

DIAMOND 心法則是大企業、中小企業都可以參考的簡易法則：

・D（Design，**設計思考**）：以使用者為核心，設計整體的員工體驗和求職者體驗，仔細思考哪個環節可以多做一點，讓他們產生「WOW」的感受。

・I（Innovation，**驅動創新**）：檢視現有流程、服務和設計，勇於跨出舒適圈，透過持續創新拉開自己與競爭者的距離。

・A（Appeal，**起念動心**）：針對求職者最關心的部分進行強化，透過多元管道「傳情達意」（如 Content 及 Event），讓他們「起念」進而「動心」，接著心動不如馬上行動。

・M（Marketing，**善用行銷**）：以 SWOT 分析，展出相應的攻擊與防守策略，善用行銷 4P 與 4C 手法傳遞雇主品牌理念。

・O（Offering，**多元化解決方案**）：針對不同族群的需求，提出多樣化的解決方案。方案不限於薪資或獎勵，而是擴及學習發展、體驗活動等等。

・N（Networking，**善用人才供應網絡**）：與人力銀行、產官學界維持良好的關係，以客戶關係管理（CRM）的方式，每年每季固定和這些網絡緊密接觸，尋找內外部的聯盟對象，取得雙贏、三贏或多贏。

・D（Digitalization，**數位轉型**）：善用數位化工具傳遞訊息、進行分析、產生洞察，依據數據做出決策並向上溝通。

內聚外吸，提升雇主品牌效益

訪談最後，關於雇主品牌的經營成效，台達人資長陳啟禎提到了「內聚外吸」四個字。

內聚

透過參加外部獎項的評選,了解自身可以改善之處,並提升能力,而得獎後的媒體宣傳也可以讓內部員工了解台達是間很棒的公司,因此能在諸多競爭者中脫穎而出;加上台達戮力給予員工良好的支持與員工體驗,員工對台達產生高度認同,自然而然成為台達的雇主品牌大使,大幅增加員工推薦親朋好友來台達工作的機率。

台達榮獲 2021 年 TCSA 台灣企業永續獎人才發展領袖獎首獎

外吸

經營雇主品牌,對外更能吸引到想要的目標人才。《Cheers》雜誌每年針對新鮮人進行「新世代最嚮往企業調

查」，台達的排名從 2017 年的 56 名，不到四年時間，就已大幅攀升至 2021 年的第 11 名（科技製造業第 3 名），不但雇主品牌形象更深入目標族群，主動投遞職缺的履歷數也大幅提升，許多應徵者更是在面談前對台達已有相當深入的了解，也非常認同公司的理念與方向，不少優秀的應徵者更直接表達台達是他們的首選。這一切，都是經營雇主品牌所帶來的顯著成效。

關於效益的自我檢視，台達每兩年會進行員工承諾度調查，傾聽員工的聲音，邀請員工為公司打分數，了解需要改善和精進的地方後，責成各單位落實改善並定期追蹤，確保問題都能妥善處理。此外，也密切檢視 DJSI（道瓊永續指數）中與人力資本相關的各項指標分數，確保人才吸引力與員工留任度能持續提升。

未來，台達希望能更以數據分析為基礎，洞悉目標客群的職涯需求與求職偏好，除了持續為他們打造真實而獨特的體驗之外，更將善用大數據與人工智慧等新科技，讓雇主品牌的經營可以更精準、更智能、更有效。

6-3

星展銀行（台灣）

為什麼我們選擇星展銀行（台灣）？

　　身為雇主品牌獎項常勝軍，在升遷機會、公司福利、企業社會責任（CSR）上特別出色，導入多個數位轉型的創新專案，提升人資效率，讓人資做更重要的事。

　　星展銀行（台灣）致力數位轉型與品牌經營，對人才培育與打造友善職場更是不遺餘力，除了已連續四年榮獲 HR Asia「亞洲最佳企業雇主獎」，也獲頒怡安翰威特（Aon Hewitt）「卓越最佳雇主獎」、「最佳致力提升員工敬業度雇主獎」、《遠見》雜誌 CSR 企業社會責任獎「幸福企業組」等國內外獎項肯定。以下，就讓我們一起來探尋打造成功雇主品牌的發展歷程。

Be the Best, Be the Change, Be the Difference

　　星展集團是亞洲最大的金融服務集團之一，近年優異的營

運表現與數位創新能力，獲得多項國際肯定，自 2018 年首度獲選為「全球最佳銀行」，至 2021 年已連續四年獲國際雜誌評選為「全球最佳銀行」的殊榮。

在獲得外界肯定之際，星展集團更開始思考：「如何也成為員工心目中的全球最佳銀行？」這才發現，雖然星展集團在員工敬業度調查中的評分表現優於同業，但和世界頂級的高科技公司如 Google、Amazon 或 Apple 相比，仍然有一段差距。因此，星展集團以這些高科技公司做為進行數位轉型招募科技人才的標竿，經過和應徵者、內部員工及高階主管訪談，從而制定出星展銀行的「員工價值主張」（EVP），也就是：Be the Best, Be the Change, Be the Difference.

「Be the Best」代表員工在星展集團工作，公司會提供最好的資源，讓員工發揮所長。舉例來說，為了提升員工的技能，並鼓勵員工發展不同的職涯機會，特別設置「2 ＋ 2」與「3 ＋ 3」輪調機制，也就是一般正職員工在既有單位做滿 2 年後，就可以申請轉調到其他有職缺的部門，且不需由主管提報，一經錄取，原主管需讓員工在 2 個月內赴任；資深副總裁以上職級，則是滿 3 年可以請調，錄取後 3 個月內就可赴任。另外，星展集團也積極推動跨部門合作，當特定專案需要不同部門互相合作時，員工可以主動要求參與，不僅可以增加跨部門的人脈連結，也同時提高了員工跨部門轉調的可能性。

「Be the Change」則是希望員工能擁抱改變、勇於創新。

為了鼓勵員工求新求變、不怕失敗，星展集團於內部舉辦「黑客松」（Hackathon），邀請高階主管和新創團隊一起參與，讓高階主管了解數位轉型與開發產品並沒有想像中困難；同時也對外舉辦「黑客松」，廣邀各地新創好手共同激盪創意，讓外界發現星展集團和其他銀行的不同之處，進而吸引人才加入。此外，星展集團也提供員工實驗想法的環境，並經常推出內部創新科技體驗活動，讓員工學習新知，並且盡情發揮影響力與創意。

星展銀行（台灣）舉辦 DeepRacer AI 人工智慧模型車競賽活動，讓員工建構 AI 運作邏輯與思維，體驗機器學習

最後，「Be the Difference」則是希望員工更了解自己工作能為社會帶來的影響力。星展集團相信，銀行在追求獲利的同時，更應具備崇高使命，共同打造永續發展的社會。銀行本身

可以幫助的範圍有限，因此，如果可以透過支持「社會企業」，
也就是用創新商業模式來解決社會或環境問題的營利機構，助
其站穩腳步、穩健發展，透過此正向循環，可以解決更多社會
問題，持續時間也更長遠，這也是星展集團獨特的價值主張。

兼顧績效與永續發展的經營模式：社會企業

　　星展銀行（台灣）人力資源處負責人盧方傑提到：「對於
社會企業，我們不只提供資金，更傾注公司資源和人力，花心
思去陪伴和幫助。在人力部分，公司提供員工每年兩天的志工
假，並提倡『Skilled Volunteering』（專業志工），鼓勵員工
善用自己在行銷、人資和財務等面向的專長來幫助社企解決問
題，而員工自己也能更加認識社企、同時獲得滿足感。」

　　例如，2020 年星展銀行（台灣）的人力資源處同仁就曾為
社企夥伴舉辦人資研討會，透過視訊會議，讓社企了解公司組
織架構、績效考核、薪酬制度、法規及招募等環節，約有 50
多家社企參與。會後，參與的社企團隊也認為，這些課程和研
討會內容，對社企在經營層面上帶來很大的幫助。

　　此外，在 2020 年全球新冠病毒疫情最嚴峻的時期，星展
集團成立「展愛同行抗疫基金」，幫助亞洲受新冠病毒疫情嚴
重衝擊的社區和族群，在台灣就捐出新幣 100 萬元（約新台幣
2,250 萬元），亦積極邀請員工、客戶共同支持善舉，總計共

捐出新台幣 2,500 多萬元，購買 5 家社會企業的物資，組裝成
5 萬多份「星展暖心食袋」，支持社會企業度過難關的同時，
也幫助更多弱勢家庭。

支持社企也幫助弱勢的「星展暖心食袋」

堅信數位轉型價值，努力實踐與優化

在追求正面影響力的同時，星展集團也持續在數位轉型領
域精進，近期推出的人工智能招募系統 JIM（Jobs Intelligence
Maestro），就是星展集團數位轉型的最佳案例之一。

2017 年，星展集團人才招募團隊和新加坡新創公司合作研
發的人工智能招募系統 JIM，2018 年於新加坡正式上線使用；
台灣則於 2020 年推出，用來招募電銷業務等需要大量審核履
歷的工作職缺。

透過人工智能招募系統 JIM，星展集團大幅提升了人資招

募的效率，履歷篩選時間可節省 80％，面試成功率也從每面試八位求職者錄取一位，進步為每面試三到四位求職者就能錄取一位；而且在後續到職後觀察也發現，這些求職者的表現相當傑出。預計 2021 年起，星展銀行（台灣）更將把人工智能招募系統 JIM 擴大運用在招募客服專員，與豐盛理財資深客戶經理。

另一個星展集團推動數位創新的案例，則是在 2020 年 2 月導入 AI 系統來分析員工是否倦勤。這項工具是從兩百多項數據中建立離職模型與預測模組，每個月會提供報表給主管參考，提醒主管哪些下屬可能有離職風險，並建議主管採取行動，例如多關心員工、給予員工肯定、了解員工的生涯規劃，或請人資部門考慮接任職務的人選等。根據星展集團統計，因 AI 報告採取慰留行動的主管，比起沒有採取行動的主管，平均可減少 50％的員工離職率。

盧方傑也對想要開始做雇主品牌的人資提供建議。他認為，人力資源部門必須明白自身企業的優勢與願景，同時透過了解員工的想法，認識員工選擇公司、喜歡公司的原因及對工作的感受，方能連結企業與員工，發展出獨一無二的 EVP，並善用琅琅上口的口號，增加同仁的記憶。

最後，盧方傑提醒，面對未來趨勢與環境，人力資源部門也應該學習記錄與善用數據，並利用數據展示 HR 對公司的貢獻與價值。

6-4

信義房屋

為什麼我們選擇信義房屋?

信義房屋以人為本的企業文化,在公司文化、用人理念、企業社會責任(CSR)上可圈可點,持續改善離職率,勇於嘗試,積極運用數位行銷招募。

信義房屋獲得 HR Asia「亞洲最佳企業雇主獎」,連續 27 年消費者理想品牌房仲業第一名,三度榮獲全球企業永續獎,2020 年台灣企業永續獎獲得九個獎項,連續 14 年獲《天下》雜誌肯定……;信義房屋為什麼能獲得這麼多單位的肯定?這些肯定,其實源自創辦人的初心。

以人為本、先義後利

人資部執行協理張旭受訪時表示,信義房屋似乎從公司剛成立沒多久就開始做雇主品牌了;當然,那時還沒有「雇主品牌」這個名詞。創辦人周俊吉先生在談經營理念時,對於人的

重視、人才是志同道合的夥伴，就已經種下雇主品牌的種子。
當時房仲業誠信正直的價值觀還沒這麼普遍，公司就很看重內
部（同仁）與外部（客戶）的信任，以信任當作公司的價值觀，
讓信義房屋成為安全、值得信任的房仲業品牌。

信義房屋創辦人周俊吉先生

從 1981 年創業以來，周俊吉先生始終堅持的「以人為本、
先義後利」核心經營理念，早已成為同仁的 DNA。

所謂的「以人為本」，就是以同仁為本，同仁是信義服務
客戶的好夥伴，給予同仁尊重與關懷，以吸引優秀人才、營造
友善職場兩大主軸為方向。至於「先義後利」，就是先以信義

為先，做該做的事，說到做到，之後才謀求利益；反之，如果違反信義原則，即使有利可圖也必須放棄。就是這樣的核心經營理念，讓信義房屋自 1994 年以來即成為房仲第一品牌，至今仍維持房仲龍頭的領先地位。

用三高政策改善離職率

和其他行業比較起來，房仲業的離職率算是很高；因此，信義房屋用高薪資、高發展、高關懷的「三高」政策來改善離職率。

高薪資方面，早自 1988 年前起，信義房屋就提出業界首創的保障薪制度，從那時的前 6 個月保障月薪 2 萬（前 3 個月 1.8 萬、後 3 個月 2.2 萬），逐年提高，到現在的前 6 個月保障月薪 5 萬；另外，每年固定發放稅後營業利益的三分之一給同仁當年終獎金，也已經持續 34 年了。2015 年推出「30 天工作鑑賞期」，2018 年宣布加薪 1.3 億，調薪平均幅度達 7.6％，都是高薪資的實際作法。

至於高發展，從 2009 年成立信義企業大學開始，就積極培育人才，規劃新人 180 天全方位培訓計畫、提供學習手冊，由總公司與分店合作、分工，共同育成新人，還有學長姐師徒制度，讓新進同仁可以安心學習。信義房屋對於各職級主管與員工都規劃了完整的職能訓練，未來還可以往海外發展，放眼

世界。

　高關懷方面，2009 年提出每週一到週四，所有分店業務同仁早上「晚一小時上班」，可以讓同仁早上多陪伴家人；2013年推出房仲業界最高第二胎（含）以上生育獎勵金 12 萬元，2015 年成立「幸福健康管理中心」，2019 年產業首創彈性福利制度「信福幣」，可以用來支付身心健康、家庭照顧、學習成長、環境保護等四大面向，整體福利制度全面且完整。

　三高政策反映到員工的離職率，從 2012 年的 42.2％下降到 2019 年的 28％，改善離職率成效卓著。

數位行銷招募的先行者

　在業務同仁的招募標準上面，信義房屋運用六個職能，像是人際溝通、解決問題、主動學習的能力等，和行業適性檢測、工作價值觀檢測來篩選人才。

　更值得一提的是，信義房屋積極運用數位行銷的方式來曝光招募訊息，不斷嘗試新的管道。人資部執行經理李宜蓁表示，信義房屋堅持用沒有經驗的新鮮人，「這群新鮮人會在哪裡出沒，招募廣告就應該在哪裡投放」，像是現在年輕人已經不會看報紙與電視，而且用 IG、抖音，喜歡 YouTuber，在Dcard 上討論事情。像是 Google 關鍵字、多媒體廣告聯播網、YouTube、FB、IG 等，都是信義房屋招募廣告會投放的地方；

同仁也會嘗試一些新的廣告管道，投放完後再檢視這些廣告
的成效，依不同的管道去計算平均一個名單或是應徵的成本
是多少（Cost Per Action, CPA），研究成效好的有沒有可能再
擴大、成效不好的有沒有可能優化、有沒有機會讓 CPA 的成
本更低。

這些原本應該是數位行銷領域的專業，現在信義房屋人資
在招募上運用到得心應手，成為人才來源的重要管道之一。

6-5

元大金控

為什麼我們選擇元大金控？

在成長併購的過程經營雇主品牌，元大金控在薪資、公司營運績效、ESG 上表現亮眼，保持贏家的企圖心，讓人才輪調歷練，把 ESG 融入商業模式。

元大金控迄今已有 60 年歷史，以自發性成長與併購之雙重策略擴大經營版圖，經營績效與獲利屢創新高，2021 年前四個月已成為金控業獲利前四強，元大證券、投信、期貨、證金皆為台灣第一，有這麼好的成績，沒有優秀人才的支持是做不到的。

低調穩健的元大，國內外獲獎無數，為畢業生最嚮往的金控公司之一，已連續 2 年獲選 HR Asia「亞洲最佳企業雇主」殊榮。元大是如何經營雇主品牌的？元大金控人資長張曉耕這次難得受訪，大方分享公司經營成功心法。

願景、使命與核心價值

要談雇主品牌，就必須從公司願景、使命與核心價值談起。

元大證券從 1998 年開始積極布局亞洲各地，成為「亞太區最佳金融服務提供者」一直就是元大的願景，加上「致力成為客戶最忠實長期夥伴」的使命，驅使元大致力擴展海外與國內市場。

由於元大金控經歷無數次併購，集團員工對於價值觀或企業文化的詮釋可能不盡相同，所以在 2017 年，元大進行了員工敬業度調查，訪談高階、中階、基層主管和員工，了解不同世代的想法與價值觀後凝聚成核心價值，分別在客戶、員工、股東三個面向，以創造三贏為目標。

掌握先機、創造客戶財富。這個一甲子的核心價值，傳承了以客為尊，用心守護與創造客戶財富的價值精髓。

專注績效、增進員工福祉。專注績效可以從元大每年兩位數的成長來驗證，績效利潤好就回饋給員工，像是 2020 年平均員工薪資 162.6 萬元，為金控同業最高；同時，公司努力增加員工多元福利與員工關懷措施等。當大家都認同增進員工福祉的理念，經營雇主品牌自然水到渠成、事半功倍。

創新價值、提升股東權益。如同集團旗下的元大證券永遠站在客戶需求角度，不斷推出新服務、新商品與新體驗，才能自 1995 年起連續 26 年坐穩台灣第一大券商的龍頭地位。

贏家策略，做第一不做第二

　　元大金控招募人才時，非常重視人才的企圖心與執行力，同時還會評量人才的個人特質和工作價值觀是否契合公司的企業文化。

　　在人才招募的標準方面，元大一向秉持唯才是用、寧缺勿濫的精神。用人採精兵政策，從每年 MA 招募就可知一二。2021 年元大金控 MA 招募用「來元大、定義你的強大」的 Slogan 廣為宣傳，在無法正常辦理校園徵才的情況下，仍然收到與往年相當、約 1,100 封應徵履歷表，可見元大金控在國內各大學已建立備受學生肯定的雇主品牌。公司經過層層把關，在各子公司部門主管、高階主管與總經理面試後，最後只有大約 40 位菁英人才可以晉階到金控總經理的第三關面試，整體平均錄取率僅約 2.9％，人才經過重重考驗脫穎而出，「贏」已經是元大金控全體人員的 DNA。

　　由於人才招募重視「贏」的 DNA，人才都有旺盛企圖心與高度執行力，讓元大證券從一家小券商不斷成長茁壯，1995 年成為台灣第一大券商，近期市占率約 14％，期貨、投信皆為業界龍頭。元大擅長利用規模經濟提高整體競爭力，「做第一不做第二」；每年設定挑戰目標超越自己，正是元大金控能持續保持第一名的經營策略心法。

多元國際經營，人才輪調歷練

1998 年就開始立足台灣、放眼國際，海外版圖包括香港、泰國、新加坡、韓國、越南、柬埔寨、印尼、菲律賓等國家或地區，再加上金控多元的事業體，已奠定以證券、銀行、人壽、投信、期貨五大獲利支柱的經營平台，形成元大獨特的人才優勢。

許多人才之所以選擇加入元大，除了業界龍頭之外，還有元大集團結合國際與多元的職涯環境，人才可以在不同子公司、部門間輪調，也有機會外派到海外據點歷練，對於年輕優秀人才相當具有吸引力。當集團各公司有職缺時，優先於集團內部公告，鼓勵員工掌握集團不同公司或職務輪調的機會，對公告職缺有興趣的人員可獲得轉調面試通知，再由 HR 部門協助轉調程序。

元大金控特別重視子公司間的協同合作與整合綜效，因此，跨子公司的人才交流非常重要；所以，元大自 2020 年開始辦理「元大 MBA」菁英領導人才培訓課程，訓練總時數 120 個小時。跨業、跨界與跨域全方位人才的培訓，建立完整的接班人才梯隊，這就是讓元大金控領導管理人才源源不斷很重要的機制之一。

元大金控的晉升制度特色，是公司拔擢同仁晉升到更高職務時，同仁需要歷練過至少 2 家子公司或同公司 2 個以上不同

的職務，以透過完整的歷練來提高人才專業廣度及視野高度。
元大金控很多主管都歷練過不同子公司或職務，像人資長本身
就歷練過集團五家公司，相信這也是元大與其他金控同業非常
不一樣的特色。

結合 ESG 與商業的創新

在企業社會責任與永續發展方面，元大金控近年來已獲
得無數獎項殊榮，包括連續 3 年入選「道瓊永續世界指數」
與「道瓊永續新興市場指數」成分股、榮獲「摩根史坦利
（MSCI）ESG 評級」A 級殊榮、入選「2021 彭博性別平等指
數」（Bloomberg Gender-Equality Index, GEI）、獲得國際非營
利組織 CDP（碳揭露專案）評比 A「領導等級」（Leadership
level）、連續 5 年獲選英國「富時社會責任新興市場指數」
（FTSE4Good Emerging Index）成分股、連續 7 度被台灣指數
公司納入「台灣永續指數」成分股、5 度獲選證交所公司治理
評鑑排名前 5%的上市公司等獎項。

元大金控為什麼可以受到國內外評比機構的高度肯定？原
因在於 2011 年就成立「企業社會責任推動中心」，由 7 大功
能性小組組成，包含：公司治理、綠色營運、客戶關懷、員工
照護、環境永續、社會參與、事務推動，每季至少召開一次工
作會議，定期追蹤項目執行並提報董事會。上述相關事項均列

入主管的 KPI，也就是說，元大主管會以身作則，由此影響所有員工。

　　2016 年啟動「集團永續發展策略藍圖」，以 5 年為期訂定短、中、長期目標與行動方案，將永續金融理念融入企業文化與營運策略中，除了結合 ESG 與商業，發行多檔 ESG 基金外，對於金融相關業務包含企業授信、風險評估、投資策略等，也將 ESG 納入營運與決策考量，讓「永續發展」成為元大金控高度競爭力的商業模式。

落實企業永續發展，元大金控勇奪 BSI「2021 永續韌性領航獎」

元大人資長給 HR 的雇主品牌建議

訪談尾聲，元大金控張曉耕人資長提出幾點經營雇主品牌的經驗分享，給有心想要經營雇主品牌的 HR：

首先，應先了解自己公司組織的企業文化。

其次，從公司願景、使命、價值釐清自己公司的優勢與特色。

接著，用公司的優勢與特色和內部員工、潛在員工、客戶及潛在客戶溝通。

最後，借力使力運用公司經營績效、績優評鑑及業界口碑等經營雇主品牌。

6-6

百靈佳殷格翰

為什麼我們選擇百靈佳殷格翰?

　　百靈佳殷格翰為連續六年「最佳雇主」衛冕者,在薪資福利、主管與團隊、公司環境上特別用心,離職率低於業界平均值,重視人才,總經理親自把關入職與離職面試。

　　走進百靈佳殷格翰台北辦公室,就能感受到公司對於雇主品牌的用心。佇立在門口旁的 HR Asia「亞洲最佳企業雇主」獎座放在精心設計的三角柱上,三角柱的三個面對應 HR Asia 問卷三個面向的問題與分數,各個面向均遠超過平均值,可見公司對雇主品牌的重視,同時提醒同仁要不斷精進、做得更好。

　　雇主品牌不只是人資的工作,而是展現全體同仁的努力,「最佳雇主」是所有員工都能引以為傲的榮耀。

連續六年最佳雇主衛冕者的經營心得與效益

　　百靈佳殷格翰德國總公司推動雇主品牌已經行之有年，台灣則是 2015 年開始申請 Top Employer，之後連續四年都拿到 Top Employer 最佳雇主獎（2016 ～ 19），連續兩年獲得 HR Asia「亞洲最佳企業雇主」殊榮（2020 ～ 21）。但其實，早在 2015 之前，台灣分公司就非常致力於經營雇主品牌了，多年來一直自我檢視，去思考各方面可以為員工多做什麼。

百靈佳殷格翰歷屆所有雇主品牌獎項

　　做為雇主品牌獎項的連續衛冕者，榮獲各單位的肯定，被詢問到經營雇主品牌的心得時，人資長 Emily Teng（鄧尚純）表示：

　　首先，對人才的重視本就是公司策略的一部分，因為吸引人才、留住人才是公司成長最重要的環節。

　　其次，透過這些申請過程，對公司本質、特色、文化的再次檢視，公司同仁要先對齊認知是不是一致，哪些方面要優先去調整。

　　另外需要注意的是，如果主管和員工的想法不同，就要做很多的溝通，弄清楚同仁對於公司的期待是什麼，運用最佳雇主品牌申請、內部全球員工意見調查，去找到一些機會點優化，持續做 PDCA 的循環。經營雇主品牌不會是一次性的，各方面都需要一直不斷調整。

　　從效益上來看的話，這幾年百靈佳殷格翰離職率低於業界平均值，從員工內部意見調查上發現，92％的員工樂於介紹朋友加入公司，可見員工幾乎都是公司的品牌大使，對公司的向心力很強。

　　離職率低，員工又樂於介紹，找人的成本當然也就降低了；10 年以上的同仁占公司約 25％，5 年以上更是超過 50％。因為員工敬業度高，反映在公司的業績成長表現，百靈佳殷格翰近十年雙位數的成長，是雇主品牌上最實質的效益，正向循環讓公司可留住人才，以及吸引更多好的人才加入。

獨特的 DNA：重視員工調查，透明雙向溝通

人資長 Emily Teng 認為，百靈佳殷格翰最獨特的地方，是重視員工調查與透明的雙向溝通。定期員工問卷調查裡，會納入關於公司的一些關鍵問題，比如：「你覺得做得最好的是什麼，要如何維持？」、「哪方面做得比較不好，要如何改善？」

在循序漸進的過程中，透過每一年的數字、文字來了解員工的意見，分數較低或下降幅度較大的面向都會優先關注，舉辦相關的 Workshop 讓各部門主管參加，透過開放的方式詢問大家的想法與意見，先釐清可能的問題是什麼，再根據資源效益排列優先順序，重要的事情先做，後續各部門就會有焦點小組，開始展開改進的計畫與行動，並定期審核進度。由此可見百靈佳殷格翰從上而下對員工問卷調查的重視，員工感受到公司的改變，就會更願意提供建議。

除此之外，每年高層主管會定期到各地辦公室，邀請員工提供各種建議。主管們保持開放心胸並擁抱改變，相信這個過程是對公司有益的，面對員工提供的建議，主管們會現場立即回應公司能做什麼、不能做什麼，直接告知且在當下說明原因，可能是用更高的角度去思考這件事，或是一些資源、跨部門的議題等。透過這種面對面、透明、即時的雙向溝通，傳達了百靈佳殷格翰重視的價值，也讓同仁更了解公司的政策，對公司處理問題速度與效率有高度評價。

百靈佳殷格翰總經理與同仁面對面的雙向溝通

重視人才，總經理親自把關入職與離職面試

現今醫藥產業瞬息萬變，有競爭力的員工是公司成功的關鍵因素。人資長 Emily Teng 表示：百靈佳殷格翰不會找「最優秀」的人才，而是找「最適合」的人才，更在意的是 Right Time、Right Position、Right People，也就是在對的時刻、對的職位找到對的人才，所以會透過徵才的流程，像是面試、職能性格測驗等，來了解人才的 Hard Skills 與 Soft Skills。

百靈佳殷格翰在徵才上有一個特別的傳統：所有職位的最後一關都是由總經理親自面試；藉由這個過程，總經理便能了解人才與公司文化的契合度。而且面試不是單向的，而是雙向的，除了一般的面試問題之外，還會讓求職者知道公司文化、

價值觀等，詢問求職者的人格特質、對未來的規劃、心目中的
理想公司樣貌等，從這些流程找到最適合的人才。

　　百靈佳殷格翰是全球最大的家族企業藥廠，公司很重視
人才，關心員工的工作、家庭、個人生活，像是總經理 James
Chiou（邱建誌）記得公司每個人的名字，常和同仁閒話家常，
同仁在公司很容易感受家的氛圍。除了面試所有的新進員工，
更特別的是，對每一位要離職的同仁，總經理也會進行離職面
試，主要是想了解離職的原因，做為公司後續改善的參考。

運用新媒體、新作法面對新世代求職的挑戰

　　和許多企業一樣，百靈佳殷格翰也有應屆畢業生與在學實
習生的招募需求。與舊世代不同，這些新世代求職者接受資訊
的管道常是多媒體、社交媒體等，因應這些變化，百靈佳殷格
翰 HR 與企業傳播部門共同合作，透過新的方式與管道和求職
者溝通與互動，像是 YouTube、Dcard、Facebook、IG 等，希
望求職者可以 Anytime、Anywhere（隨時隨地）接觸到招募資
訊。

　　因為網路上資訊很透明，可能早上發生的事情下午就會出
現在網路上，即時回應的內容要做得更好，才能抓住新世代求
職者的心。如何運用時間與資源，用新作法讓招募成效更好，
已是目前各行各業 HR 的挑戰。

　　像是 2021 年 5 月的線上校園徵才活動「Let's Go BIG ！」，百靈佳殷格翰就和 YouTuber 博恩合作，用線上直播的方式來進行，邀請博恩化身一日司機，接送高階主管上班，透過在車上對話巧妙帶大家認識百靈佳殷格翰的公司歷史、文化、公司環境、工作內容等話題，線上校園徵才活動中還有清楚的招募說明、學長姐經驗分享、贈獎活動等，參加的同學對這次活動回饋都是「非常滿意」，為這次徵才活動劃下完美的句點。

6-7

振鋒企業

為什麼我們選擇振鋒企業？

振鋒企業為安全吊鉤隱形冠軍，在公司文化、工作生活平衡、用人理念上表現出色，用心規劃產學合作建立好口碑，重視員工身心健康平衡，開心工作認真生活。

一個字，傲：振鋒董事長談品牌與人才的競爭

提到經營品牌，振鋒董事長洪榮德認為：振鋒品牌經營三十多年，品牌是高調做事，做品牌骨子裡就只一個字——傲。這個傲不是對別人驕傲，而是看得起自己。品質、價格、服務都要比別人好，品牌才做得起來；解決客戶的問題、創造客戶的價值，就是振鋒高調在做的事。一個品牌如果沒量，沒有人用，沒有時間延續，品牌會活得很辛苦，品牌初始從 0 到 1 做的是品質，1 到 10 做的是信任，10 到 100 做的是量，全世界好的品牌都是物美價廉、物超所值，如同國父所說的「人盡其才，地盡其利，物盡其用，貨暢其流」。貨暢其流是品牌

很重要的一塊，做好品牌，就如同大樓建設，打好地基，做好基礎建設，才有辦法蓋高樓大廈；品牌最後獲得客戶的肯定、市場的肯定、自我的肯定，是公司最大的效益。

至於人才的競爭，洪董事長表示：從十九世紀以來，走過蒸汽機時代、石油時代到現在，經濟規模持續成長，人才一直都是企業經營的議題，即使像是台積電、聯發科這樣的半導體知名企業，雇主品牌經營十分成功，人才還是不好找並持續招募，所以缺人的議題自古以來一直都是存在的，隨著企業規模不斷成長，自然會一直缺人。人才求也求不來，搶也搶不得，只有公司把自己經營好了，有好的形象、好的福利、做好公司該做的本分，自然就會吸引人才進來。雖說和這些大企業比較起來會有弱勢，但需求的人才不同，振鋒在求才上一直都還算順利。

用核心價值 5A 來選擇適合的人才

總經理林衢江指出，振鋒的核心價值 5A，是公司很看重人才的面向。所謂 5A，分別是：

- Accountability and integrity，誠實負責。能主動當責，確保行為與決策皆能符合法律及道德倫理的規範。
- Appropriate decisions，腳踏實地。能有效、及時做出對

公司最有利的決策，且能付諸實行。

- Acquire customer loyalty，人客至上。視顧客需求為最重要的事，且求超越顧客期望，以建立顧客忠誠。

- Active learning，努力學習。主動尋求學習機會，且能有效運用於工作中。

- Aggressive innovation，勇敢創新。能針對工作狀況發展創新且可行的解決方法，同時嘗試不同或新的方式，來處理工作問題或把握機會。

透過 5A 塑造自身企業文化與組織氛圍，就會有正向的工作環境，能夠吸引適合的人才。

所以在振鋒，不管是面試或是考核，5A 都占了很重要的一個部分。像是面試，都會找認同核心價值的人才進來，從這五個面向，檢視面試者所做的每一件事情是否符合 5A 的要求；即使能力再好，如果不符合振鋒的核心價值，那麼進了公司也做不久。包含到職後的考核，5A 就占了考核的 30％，就算是 KPI 很好（70％），5A 行為價值不好（30％）就不會有好成績。「行為比能力更重要，你有好的行為，即使 KPI 一時不好，每一年努力的話，相信就會逐漸達成公司要求的目標。」

堅持走自己的路，產學合作與多元管道獲得人才

振鋒沒有上市櫃，怎麼和上市櫃公司競爭？除了塑造好的價值觀與企業文化以吸引人才外，在產學合作的部分，振鋒也不遺餘力和許多學校合作，像是台大、成大、中興、勤益大學、台中高工等；暑假的實習合作，看的則是 5 ～ 10 年後的效益，找出屬於自己的一條路。

在振鋒裡，一個實習生會搭配一個導師，實習完成後還安排了發表會，提供獎金，邀請家長與老師參加。總經理林衢江說：「很多科技公司都有實習計畫，我們和其他公司不同的地方，就是半年前就開始和單位主管規劃實習生計畫：主題或是專題是什麼？希望可以教實習生什麼？之後會去系所溝通，和同學說明這次的主題，指出學生可以學到哪些東西，達成什麼任務與成果。振鋒很用心規劃實習計畫，學生是會感受到的。」

公司主管常絞盡腦汁規劃實習生計畫，學校目前教的，也與過去所學不同，必須理論與實作並行，讓學生順利完成專題；透過發表會教學相長，讓大家知道最新的理論方法與實作。振鋒因此逐漸也累積了堅實的口碑，吸引越來越多人才加入。

因為振鋒是生產安全鉤具的廠商，所以金屬材料的研發是振鋒非常重要的核心競爭力。在材料的研發上，振鋒一直獲得中鋼的全力協助，才能讓台灣 YOKE 品牌在世界上發光發熱，

所以洪董事長特別感謝中鋼翁朝棟董事長與黃建智執行副總一直大力支持，才能帶動產業不斷的轉型升級與成長。

振鋒暑期實習生成果發表會

十年前就重視員工身心健康平衡

洪董事長表示，創業久了，其實就會希望有個地方讓大家好好吃飯，而且吃得健康；然而，要在預算內，又要營養、不吃不健康的加工食物，對合作的廠商來說是很大的挑戰。

另外，洪董事長自己是很喜歡看書的人，就想成立圖書館讓大家好好看書。「學習是成長的動力，希望大家多學習。」洪董事長表示：「我一直和員工說，第一，要做安全的生意，如果自己員工都不夠安全，會讓客戶瞧不起；第二，員工要比

別人更健康，如果身心健康，頭腦就會有正能量，做出來的產品會為客戶著想，有健康的員工，才可以幫企業創造價值。」

洪董事長也說：「在每年的經銷商大會上，很多國外的經銷商都提到振鋒的好；但經銷商提到的好都是外在的、表象的，像是品質、價格、規格等，是比較硬實力的部分，而人才照顧這些軟實力才是振鋒真正的關鍵能力。

「我在2011年就提出一個口號：『開心工作，認真生活』，工作為什麼會開心？主要來自成就感。工廠本來就是一個大家庭，振鋒照顧幾百萬的用戶，當然也要照顧員工；很多振鋒員工都是一待二、三十年，犧牲人生的黃金歲月，兢兢業業在工作，這些人要多用心思照顧他們。人吃飽了不能給他們更多食物吃，而是要提升他們的層次，包括精神上、文化上、成就上，這樣認真生活，人生才會更豐富圓滿。」

洪榮德董事長對於雇主品牌的詮釋

一開始，公司要了解市場與客戶的需求，如果公司不能滿足市場與客戶的需求，是沒辦法生存的；先不用去了解自己，因為自己永遠是最難了解的。接下來，才是想公司能帶給客戶、員工什麼價值，但不會特別要做差異化，因為如果差異化讓大家不能接受是很危險的。振鋒是一本書，本著善念，不會對不起任何一個人，不會對不起社會對我們的期待。現在振鋒

在產業有一定的地位了，應該要引領這個產業，做一些更長遠的事情，並把這個市場越做越好、越做越大。怎麼把這個產業數位化，把安全數位化，才能視安全為理所當然，也呼應我們的品牌 Slogan：Safety is our first priority.

6-8

頻譜電子

為什麼我們選擇頻譜電子?

頻譜電子運用品牌與雇主品牌幫助客戶與人才成功,在薪資、公司福利、公司環境上制度完善,打造企業社會責任的同心圓,重新定義環境友善的生產與製造方式。

業界獨特競爭力,用優質薪資福利回饋員工

頻譜電子創立於 1987 年,主要業務範圍是高階電源模組的研發、設計、生產與全方位解決方案,打造客製化產品,應用在工業、醫療、電動車、鐵道等領域。很多國際知名企業都是頻譜電子的客戶,尤其是電源模組,可以說是系統裡面的心臟,負責供輸電流,非常重要,沒有電源系統就沒辦法運作,客戶對於電源模組的品質與信賴度要求都非常高,公司需要更有彈性,才能做出少量多樣、更高規格的產品。隨著業績持續成長,客戶的要求也越來越高,當然需要更多更好的人才來加入。

頻譜電子總經理鄭智航表示：「人才是一種投資，不能看短期成本，要看長遠帶給公司的效益，想要提升員工的素質，就必須讓員工獲得更多；榮譽感、成就感是一部分，實質的報酬也是很重要的。」

薪資、福利方面，鄭總經理說：「目前電子製造業和半導體業的薪資還是會有落差，所以頻譜電子透過每年調薪兩次，期望公司薪資在高雄越來越有競爭力，成為一流的企業。頂尖企業的任務是非常困難的，會有很多挑戰，需要員工全力以赴，當然很願意回饋員工頂尖的薪資福利與工作環境，像是：公司遷廠以提供全新的辦公環境、彈性上下班、自選式員工旅遊、員工健身房、托兒室、優於產業的團保等。」

找人才這部分，「我們會用建教合作、校園徵才、影片宣傳、參加政府活動等方式，讓更多的人才知道這件事情，把頻譜電子的雇主品牌散播出去。」

好文化才能招徠好人才

關於品牌與雇主品牌，鄭總經理表示：「品牌對應的是客戶，我們必須思考：客戶的需求是什麼？我們能提供什麼品牌價值、怎麼幫助客戶成功？這是公司之所以存在的原因。雇主品牌對應的則是人才：我們是誰、是什麼公司？人才的需求是什麼？怎麼幫助人才成功？還缺哪方面的人才、缺口要怎麼補

上？要用什麼訴求點讓大家認識我們？仔細思考，好好說出屬於公司的故事，是品牌與雇主品牌很關鍵的一個部分。」

鄭總經理平常就很喜歡看書，最常看的是公司治理與商業管理相關的書籍。他認為，「文化」是公司治理最重要的一塊，好的公司文化能吸引好的人才，相輔相成；「人才會流動，文化才是帶不走的資產」。

頻譜電子的文化是當責、創新、合作、誠信、快速迭代，採取的作法是相信員工，時間到了再討論成果，不會太著重過程；截至目前為止，這個作法得到的成果都很好。

未來的競爭是公司人才總和力競爭，這也是為什麼頻譜電子看重人才的原因。一開始，總經理加入時全公司不到 50 人，現在已有約 300 人，人多了，似乎就需要更複雜的制度與流程來增強作業品質，但鄭總經理認為，如果員工的素質提升，反而應該適度鬆綁制度與流程，讓人才好好發揮能力，不會因為制度與流程限制了團隊的成長。

用組織再造與快速迭代來回應大環境的挑戰

現今市場變化速度越來越快，也越來越複雜，經營企業有很多挑戰：新冠疫情、美元升值、運輸費用提高、原物料價格上漲……，全都影響了企業的業績與毛利；另方面，客戶對於產品規格要求更高，期望更低的價格與更快的交期。為了更能

滿足客戶的需求，因應這些挑戰，頻譜電子把公司組織調整成「Team of teams」（團隊組成的團隊）。

　　原本的功能型組織，如今已改成四個大型跨功能團隊，目的是更即時把產品與服務交付到客人手上。為了可以獨力完成業務目標，跨功能團隊中的每個成員都很重要，必須從接單到出貨完全負責，反映「當責、合作」的公司文化；另外，公司運作的方式也改成快速提供團隊回饋，每季審核目標是不是需要修正，不能死抱著一個目標不放。

頻譜電子榮獲經濟部第 28 屆國家磐石獎

這些轉型與改變，一開始當然困難重重，必須先和大家溝通、鼓勵參與，透過完成一些小成功案例，讓大家開始覺得這個改變是對的，更有信心後，就會有更多人願意參與，自然形成一個好的循環，同仁也習慣改變與轉型。最後，再由團隊自己來領導變革，成為有機型的組織，更能因應外界環境的變化，快速轉型成更好的企業，發揮最大的效益並讓員工不斷成長。

最後，總經理提到了經營企業社會責任的「同心圓」概念：先從同仁成長開始，工作更有挑戰，同時也更開心、更快樂，公司利益同仁共享，這個是第一層。接下來就要思考：頻譜電子還可以為社會再做些什麼？同心圓的第二層，就是繼續深耕電力電子的產業，和學校建教合作、實習計畫，培養產業未來的人才，提升台灣產業的競爭力。第三層則是碳足跡的實踐與推廣，除了回應客戶的需求，這也是一個普世大趨勢；重新定義環境友善的生產與製造方式，更是企業的永續競爭力所在。

6-9

聯合生物製藥

為什麼我們選擇聯合生物製藥？

　　從工業局合作案奠定基礎，聯合生物製藥在公司文化、主管與團隊、公司創新上表現良好，建構完整人才體系，打造現代神農養成計畫，經營從內部溝通開始的雇主品牌。

工業合作奠定基礎，延攬志同道合的人才

　　聯合生物製藥（簡稱聯生藥）成立於 2013 年 9 月，由母公司聯亞生技開發（股）公司之抗體藥品事業切割成立，傳承具有 30 年歷史的 UBI 集團科學技術，以有「醫學的秘密武器」之稱的免疫學深厚知識能量，專注於感染性疾病及免疫失調等二大領域，「我們的價值來自於創新與執行力，是一家具備創新、高潛力單株抗體開發、製造與商業化能力，可有效解決現有治療方案缺陷的創新高品質抗體藥物公司。」

　　聯生藥堅持「以人為本，當責及團隊合作」的企業文化，執行長林淑菁博士更強調，聯生藥的企業宗旨是：

- We Care——關心病患未被滿足的醫療需求。
- We Invent——以創新求實為驅動力提升病患生活品質。
- We Share——以誠信與關鍵夥伴互利共享永續的美好。

「聯生藥具有業界少見的垂直整合臨床、開發、製造及商業化的價值鏈，每一個價值鏈都可以創造利潤，是聯生藥的核心競爭優勢。」人力資源處施春慈處長說，「因此，人才招募時，我們不但要了解人才現有的能力，更需了解未來的規劃是什麼。人才能與我們志同道合，是他們會加入、留任的關鍵之一；人才認同企業願景與文化，了解公司的核心競爭力，自然就可以依組織需求、部門工作需求及個人需求進行人才發展，執行的成果也展現在留任率與離職率上。」

最近的數據顯示，聯生藥關鍵人才留任率為 95％，新進 12 個月的同仁離職率小於 2％，任職 1 ～ 3 年離職率小於 6％，成效斐然。

「現代神農養成計畫」建構完整人才體系

身為集藥物開發、生產和商業化應用於一身的生物製藥公司，聯生藥需要深度與廣度皆備的人才，於是啟動了「現代神農養成計畫」，包括人才的招募、訓練、評鑑、發展、留任等。

招募到對的人才是邁向成功的第一步，除了了解求職者

的想法，在面試評分表的設計，HR 會和主管討論，面談該職位一定要具備的知識、技能與態度（Knowledge, Skills and Attitudes, KSA）是哪些。其中的技能，又分成高手、熟手、新手三個階段。藉由結構式面談設計面試中需要問哪些問題及評估指標，HR 同時會參加面談，確保找到志同道合的人才。

　　除此之外，聯生藥更著重於跨領域的管理知識，並透過職涯地圖的規劃，以輪調的方式培育整合性的人才，積極建構具備達成公司目標，具專業技能之 United（團結的）、Bio-pro（生技專業）及 Proactive（主動向上的）高效能團隊，也因此於 2020 年獲得國家人才發展獎的殊榮。

聯合生物製藥榮獲 2020 年國家人才發展獎

　　訓練方面，董事長王長怡博士強調，「我們致力於用最優秀的人去培養更優秀的人」，因此，王董事長不但參與公司策略發展重要訓練，還舉辦新進同仁座談，親自說明企業願景及成立宗旨。

　　因應全球布局策略，執行長林淑菁博士力推領導訓練，並推動成立國際性英語演講俱樂部（Toastmaster Club），力行國際化。此外，公司內還有每週一次的研發討論會議及部門專業讀書會、主管領導管理訓練、文化推廣訓練及競賽等。

聯合生物製藥董事長王長怡博士（前右）對新進同仁說明企業願景及
成立宗旨後合照

　　職涯發展方面，聯生藥聚集了各種不同領域的專業員工，公司營運管理也需要視野更廣、整合性的人才，因此除了各項專業的深化外，更著重於跨領域的管理知識，並透過職涯地圖

的規劃，建立輪調制度與職涯發展路徑，鼓勵多元發展。光從輪調人數占職缺比例 50％來看，可知同仁很認同公司的策略，也樂於輪調發展。

創造工作生活平衡，善盡企業社會責任

　　為了留住員工的心，聯生藥三軌並進，用三好——好活動、好寶寶、好健康——來凝聚員工感情。

　　「好活動」是透過每年「團隊共好」活動的舉辦，由各部門跨單位共同規劃辦理，同仁可以一起完成。透過活動的設計、參與及完成任務，強化跨部門團隊合作，凝聚共識及當責精神；每年舉辦「感恩小卡」活動，透過感謝彼此、進而強化團隊向心力。

　　「好寶寶」則是科普新知及親子活動。2021 年因應 COVID-19 的防疫政策，將實體活動改為線上舉辦家庭日，推廣普及科學新知，並將學習及閱讀好習慣深植在同仁的下一代身上。此外，還有親子手作及公司參訪活動，讓同仁的家屬更認識公司。

　　「好健康」是結合健康講座、健康減重競賽與健行社團的活動。除了飲食、運動及中西醫健康觀念的推廣，更希望能透過身體力行的團隊活動，強化同仁之間共識的凝聚。透過這個活動，讓同仁間更加相互認識、強化連結，不但有助於團隊的

溝通，更讓同仁身心健康，擁有均衡的工作與生活。

除了朝向公司永續經營的目標努力，聯生藥也善盡企業社會責任（CSR），重視 ESG（E 是指 environment〔環境〕、S 指 social〔社會〕、G 是 governance〔公司治理〕），兼顧「環境永續」、「社會參與」、「公司治理」及「企業承諾」。

在環境的議題上，聯生藥鼓勵同仁進行垃圾分類，寒冬時期呼籲同仁回收暖暖包。除了發起填補基隆家扶中心棒球場坑洞的活動，還進行「舊物資、救孩子」集結物資、送愛心到非洲的活動。更在地球暖化問題日趨嚴重之時，同步關心也倡議「地球一小時」（Earth Hour）省電節能的活動。從小地方開始，將關愛人文及環境的心意流向國際。

除了內部的訓練與發展，聯生藥更積極在外部推廣產業知識，持續對外授課及辦理研討會，像是與中央大學、長庚大學及明志科技大學等產學合作，由各主管擔任課程講師，教導在校生生技產業實務知識與經驗，培育未來生技人才；並配合政府法人或學術機構，進行高階人才培訓計畫。同時，聯生藥也會參加研討會，提供企業實習及參訪，與多所大專院校合作，培育學士、碩士、博士級實習生；不定期接受國內大學生醫系所學生參訪需求，在 2020 年培育了 16 位實習生，4 場參訪活動共 92 人，延續台灣的生技知識傳承。

經營從內部溝通開始的雇主品牌

最後，提到聯生藥的雇主品牌時，人力資源處施春慈處長強調，每位同仁都是聯生藥的品牌大使，而聯生藥的打造雇主品牌則是從透明的內部溝通開始，提出四點心得和大家分享：

一、透過文化的推廣，如當責文化（Commitment, One more ounce, Get result, COG）讓同仁了解企業期待及鼓勵的行為，由此潛移默化同仁，也延續到對顧客及社會的承諾。

二、為讓員工多元參與，從而更了解員工的想法，公司透過「員工滿意度調查」、「活動滿意度調查」等方式，讓同仁了解聯生藥尊重他們的聲音，並因為他們的表達而做出什麼樣的改變。有調查就一定要有反饋，同仁看到改變，自然會形成正向循環，提供更多好的建議。

三、讓同仁知道他所服務企業的員工價值主張（EVP），了解企業的願景、使命與核心價值。願景（Vision）是企業對未來的想像，使命（Mission）則是企業盡一切努力想要達到的目標，核心價值（Core Values）為企業在經營過程中長久不變的信念。

四、員工活動設計要從同仁需求調查做起，依據不同的需求分眾辦理、提供同仁自主選擇空間，也更集結同仁的創意發想。

國家圖書館出版品預行編目資料

讓人才自己來找你：雇主品牌的策略思維與經營實戰手冊／陳佳慶，鍾文雄，李魁林作. -- 臺北市：商周出版，城邦文化事業股份有限公司出版：英屬蓋曼群島商家庭傳媒股份有限公司城邦分公司發行，2021.12
　　面；　　公分

ISBN 978-626-318-107-6（平裝）

1.企業管理　2.企業經營　3.個案研究

494　　　　　　　　　　　　　　　　　　110020524

讓人才自己來找你：雇主品牌的策略思維與經營實戰手冊

作　　　者／陳佳慶、鍾文雄、李魁林
責 任 編 輯／程鳳儀

版　　　權／林易萱、黃淑敏
行 銷 業 務／林秀津、周佑潔、黃崇華
總　編　輯／程鳳儀
總　經　理／彭之琬
事業群總經理／黃淑貞
發　行　人／何飛鵬
法 律 顧 問／元禾法律事務所　王子文律師
出　　　版／商周出版
　　　　　　台北市中山區民生東路二段141號4樓
　　　　　　電話：(02) 2500-7008 傳真：(02) 2500-7759
　　　　　　E-mail：bwp.service@cite.com.tw
　　　　　　Blog：http://bwp25007008.pixnet.net/blog
發　　　行／英屬蓋曼群島商家庭傳媒股份有限公司城邦分公司
　　　　　　台北市中山區民生東路二段141號2樓
　　　　　　書虫客服服務專線：(02)2500-7718・(02)2500-7719
　　　　　　24小時傳真服務：(02)2500-1990・(02)2500-1991
　　　　　　服務時間：週一至週五09:30-12:00・13:30-17:00
　　　　　　郵撥帳號：19863813　　戶名：書虫股份有限公司
　　　　　　讀者服務信箱E-mail：service@readingclub.com.tw
　　　　　　歡迎光臨城邦讀書花園　　網址：www.cite.com.tw
香港發行所／城邦（香港）出版集團有限公司
　　　　　　香港灣仔駱克道193號東超商業中心1樓
　　　　　　Email：hkcite@biznetvigator.com
　　　　　　電話：(852)2508-6231　　傳真：(852)2578-9337
馬新發行所／城邦(馬新)出版集團　【Cite (M) Sdn. Bhd.】
　　　　　　41, Jalan Radin Anum, Bandar Baru Sri Petaling,
　　　　　　57000 Kuala Lumpur, Malaysia
　　　　　　電話：(603)90578822　　傳真：(603)90576622
　　　　　　Email：cite@cite.com.my

封 面 設 計／徐璽工作室　　　　電 腦 排 版／唯翔工作室
印　　　刷／韋懋實業有限公司
總　經　銷／聯合發行股份有限公司　電話：(02)2917-8022　傳真：(02)2911-0053
　　　　　　地址：新北市新店區寶橋路235巷6弄6號2樓

■ 2021年12月21日初版　　　　　　　　　　　　　Printed in Taiwan

定價／380元

城邦讀書花園
www.cite.com.tw

10480　台北市民生東路二段141號9樓

英屬蓋曼群島商家庭傳媒股份有限公司城邦分公司　收

- -

請沿虛線對摺，謝謝！

書號：BH6091	書名：讓人才自己來找你：雇主品牌的策略思維與經營實戰手冊

讀者回函卡

線上版回函

感謝您購買我們出版的書籍！請費心填寫此回函卡，我們將不定期寄上城邦集團最新的出版訊息。

姓名：_____ 性別：□男 □女

生日：西元_____年_____月_____日

地址：_____

聯絡電話：_____ 傳真：_____

E-mail：

學歷：□ 1. 小學 □ 2. 國中 □ 3. 高中 □ 4. 大學 □ 5. 研究所以上

職業：□ 1. 學生 □ 2. 軍公教 □ 3. 服務 □ 4. 金融 □ 5. 製造 □ 6. 資訊

　　　□ 7. 傳播 □ 8. 自由業 □ 9. 農漁牧 □ 10. 家管 □ 11. 退休

　　　□ 12. 其他_____

您從何種方式得知本書消息？

　　　□ 1. 書店 □ 2. 網路 □ 3. 報紙 □ 4. 雜誌 □ 5. 廣播 □ 6. 電視

　　　□ 7. 親友推薦 □ 8. 其他_____

您通常以何種方式購書？

　　　□ 1. 書店 □ 2. 網路 □ 3. 傳真訂購 □ 4. 郵局劃撥 □ 5. 其他_____

您喜歡閱讀那些類別的書籍？

　　　□ 1. 財經商業 □ 2. 自然科學 □ 3. 歷史 □ 4. 法律 □ 5. 文學

　　　□ 6. 休閒旅遊 □ 7. 小說 □ 8. 人物傳記 □ 9. 生活、勵志 □ 10. 其他

對我們的建議：_____

_____

_____